浙江省社会科学界联合会社科普及课题成果
课题编号：23KPD23YB

二十四节气与城市物候观察手册

边喜英 编著

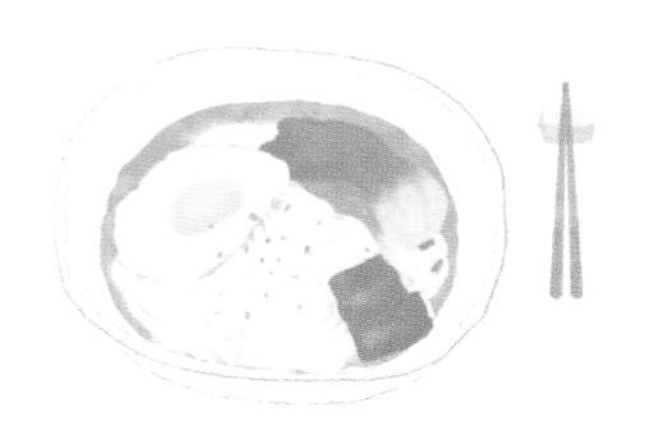

北京·旅游教育出版社

图书在版编目（CIP）数据

二十四节气与城市物候观察手册 / 边喜英编著. -- 北京 : 旅游教育出版社, 2023.10

ISBN 978-7-5637-4599-9

Ⅰ. ①二… Ⅱ. ①边… Ⅲ. ①二十四节气—关系—风俗习惯—中国—手册 Ⅳ. ①P462-62②K892-62

中国国家版本馆CIP数据核字(2023)第188867号

二十四节气与城市物候观察手册

边喜英　编著

策　　划	丁海秀　黄明秋
责任编辑	巨瑛梅
出版单位	旅游教育出版社
地　　址	北京市朝阳区定福庄南里 1 号
邮　　编	100024
发行电话	（010）65778403　65728372　65767462（传真）
本社网址	www.tepcb.com
E - mail	tepfx@163.com
排版单位	北京旅教文化传播有限公司
印刷单位	唐山玺诚印务有限公司
经销单位	新华书店
开　　本	710 毫米 ×1000 毫米　1/16
印　　张	13
字　　数	162 千字
版　　次	2023 年 10 月第 1 版
印　　次	2023 年 10 月第 1 次印刷
定　　价	68.00 元

（图书如有装订差错请与发行部联系）

二十四节气包含丰富的自然地理、文化民俗等方面的知识，是中国古代劳动人民智慧的沉淀。茫茫宇宙和自然万物及生活其间的人类，是相依相存、相互关联的生命共同体，其生长发展有着共同的节律。二十四节气原本记录和浓缩的是两千年前中原地区各个时令的物候特征，虽然对今天生活在城市的人来说不再是生产方面的指导性知识，但它时刻提醒我们，大自然是按照自身的节奏循环变化着，人类需要学习尊重大自然。对于节气文化，我们需要思考的是，如何在现代人的生活和精神需要的背景下，赋予二十四节气新的意义？人们可以根据身边自然的变化，记录当今身边的“二十四节气”自然观察，慢慢掌握有关节气的新知识，让二十四节气文化中蕴含的天人合一的智慧在现代社会焕发新生。

亨利·戴维·梭罗说：“智慧源于观察，而非验证。”笔者从2016年接触自然教育后，深陷其中不能自拔，以传播自然美为乐，将浙江常见花鸟草木作为观察对象，在公园、社区、学校等城市环境中不间断地开展以二十四节为主题的自然教育活动，曾组织千余场活动，带领上万人次走入自然，体察自然之大美。

此书在编辑的过程中，每个节气选择江南城市中常见的一花、一树、一鸟进行介绍，讲授一种观察方法，安排一次观察任务，再介绍节气习俗及美食，引导公众观察自然，记录自然，回味传统民俗，动手做美食等。希望该书能够引导更多的人走入自然、观察自然、记录自然和分享自然，感受身边日常的美好生活，自然而然地为保护自然行动。

本书在各个节气中列举的物种大多是在江南城市常见的，虽以节气划分，但也会因气候、地理位置等原因，有的年份早一些，有的晚一点，时间仅供参考。

感谢童雪峰提供鸟类摄影照片，陈丹维提供部分植物摄影照片，丁页提供民俗手绘图，楚一帆、常瀚仁、张仪娟进行资料整理。

因时间和水平有限，不足之处敬请批评指正。

边喜英

2023 年 5 月

二十四节气概述

春雨惊春清谷天，夏满芒夏暑相连。
秋处露秋寒霜降，冬雪雪冬小大寒。
每月两节不变更，最多相差一两天。
上半年来六廿一，下半年是八廿三。

这首朗朗上口的二十四节气歌，道出了一年的寒来暑往，气温升降与降水丰寡。在科技不发达的古代，人们用二十四节气来指导农事和生产生活，它为人们的生产生活提供了很大的指导意义。二十四节气是我们中华民族特有的历法，是中华民族智慧的结晶。

黑格尔说："一个民族有一些仰望星空的人，这个民族才会有希望。"中华民族作为最早仰望星空的民族之一，古人很早就开始探索宇宙的奥秘，并由此演绎出了一套完整深奥的观星文化。追溯二十四节气的来源，便可体悟古人"仰望星空，脚踏实地；无关诗意，而感天意"的精神意蕴。二十四节气最初是依据北斗七星"斗柄"的位置变化来制定的，即一年中斗转星移，斗柄指东，天下皆春；斗柄指南，天下皆夏；斗柄指西，天下皆秋；斗柄指北，天下皆冬。

一、二十四节气是什么

二十四节气是中国古人通过观察太阳周年运动，认知一年之中时节、气候、物候的规律及变化所形成的知识体系和应用模式。地球绕太阳一周为 360

度，将整个黄道（地球绕太阳公转产生的轨道）划分为24份，每一份即15度作为一个节气。二十四节气是我国先民顺应农时，观天察地，摸索、感悟、总结出来的，反映了寒暑往来气候的变化，是农事活动的“晴雨表”，影响着人们的衣食住行和文化观念。二十四节气以时节为经，以农桑与风土为纬，表现了中国人的生活韵律之美。

二、二十四节气有什么地位和名气

二十四节气是中国古代劳动人民智慧的结晶，它浓缩了对天气及如何适应环境的理解。其意义深远，用途广泛，与我们生活的方方面面都有着密切的联系。它不但是农业生产的规划表，也是重要的民间传统节令，指导着人们的生活。它不仅和农时、农作物、气候、地理有关，也与我们的身体、心理、生活、疾病有关，与我国的中医理论、中医治疗、食疗、中医养生密切相关。时至今日，二十四节气的饮食和养生也备受人们的推崇。

在国际气象界，二十四节气被誉为“中国的第五大发明”。2016年11月30日，联合国教科文组织保护非物质文化遗产政府间委员会经过评审，正式通过决议，将中国申报的“二十四节气——中国人通过观察太阳周年运动而形成的时间知识体系及其实践”列入联合国教科文组织人类非物质文化遗产代表作名录。

三、二十四节气发源地在哪里

二十四节气源于中国农耕文化的发源地——黄河流域。它的诞生与我国农耕文化息息相关，体现了我国古代劳动人民在变幻莫测的大自然中“应天地之运，顺四时之气”的生存智慧。正如东汉唯物主义哲学家王充在《论衡·实知》中所说的“巢居者先知风，穴处者先知雨”，我们的古人凭着自身的农业生产实践以及对自然天地的感悟，作出了务实又易懂的独到解读。古人通过二十四节气能够清楚地了解一年中气候的变化规律，以此把握农时，合理安排农事活动。比如，清明之际，万物洁净清嘉而生机勃发，是春耕春种的好时节；而芒种亦有“忙种”之意，指小麦等有芒作物即将成熟，农民们要采收留种，开始忙碌的田间生活。

二十四节气中的“两分”，即春分、秋分，“两至”，即夏至、冬至，早在春秋时期，我国人民就用土圭测影法来测定。世界上最古老的天文台——土圭建筑，现仍保留在河南省登封市告成镇。一年中太阳的直射点在南北回归线之间作周期变化，土圭测影是利用直立的杆子，通过观察其正午时影子的长短变化来判断节气的变化。当太阳直射点在北回归线时，正午太阳高度角最大，杆子的影子最短，这一天定为夏至；当太阳直射点在南回归线时，正午太阳高度角最小，杆子的影子最长，这一天就定为冬至。而春分和秋分的影子长短相同，都是夏至、冬至影子长度之和的1/2。

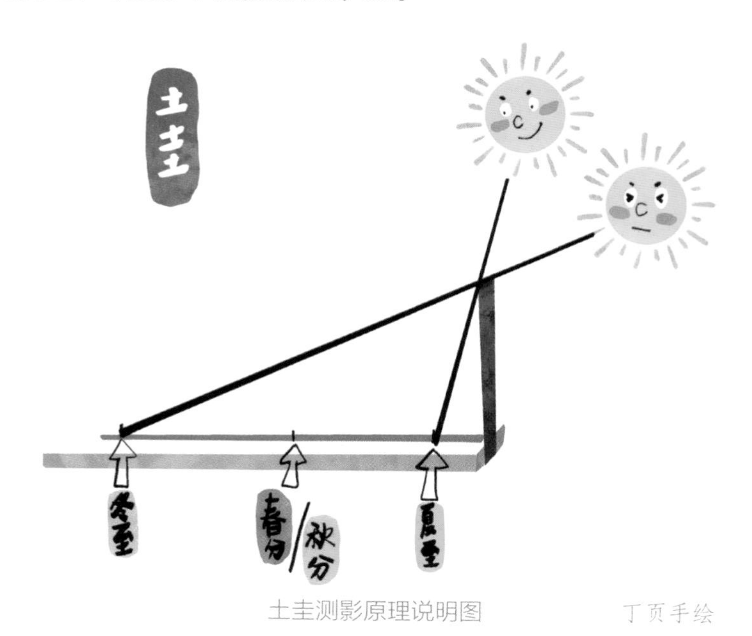

土圭测影原理说明图　　丁页手绘

在“两分”“两至”的基础上，战国时期的《吕氏春秋》中，增加了立春、立夏、立秋、立冬。这八个节气将一年清晰地划分为四季。到了西汉时期，我国有了第一部完整文字记载的历法——《太初历》，正式将二十四节气编入历法，明确了二十四节气的天文位置。

四、二十四节气的名称是怎么来的呢

早在春秋战国时期，汉族劳动人民中就有了日南至、日北至的概念。随后人们根据月初、月中的日月运行位置和气候变化、物象反应、农事活动等现象，利用之间的关系，把一年平均分为二十四等份，并且给每等份取了个专有名称。其中二十四等份的划分是根据太阳在黄道（地球的公转轨道平面与天球相交的大圆）上的位置变化而制定的。太阳从春分点出发，每前进 15 度为一个节气；运行一周又回到春分点，为一回归年，合 360 度。一年就分成了 24 个相等时间段，每一段为一个节气。太阳通过每一段的时间相差不多，因此每个节气的时间也相差很少。节气的名称，结合当时的自然气候与景观命名而来。例如，预示季节转换的有立春、立夏、立秋、立冬、春分、夏至、秋分、冬至八个节气，反映气温变化的有小暑、大暑、处暑、小寒、大寒、白露、寒露、霜降八个节气。而雨水、谷雨、小雪、大雪四个节气预示的是降水的时间和程度。惊蛰、清明、小满、芒种四个节气则反映了自然界生物顺应气候变化而出现的生长发育现象与农事活动情况。

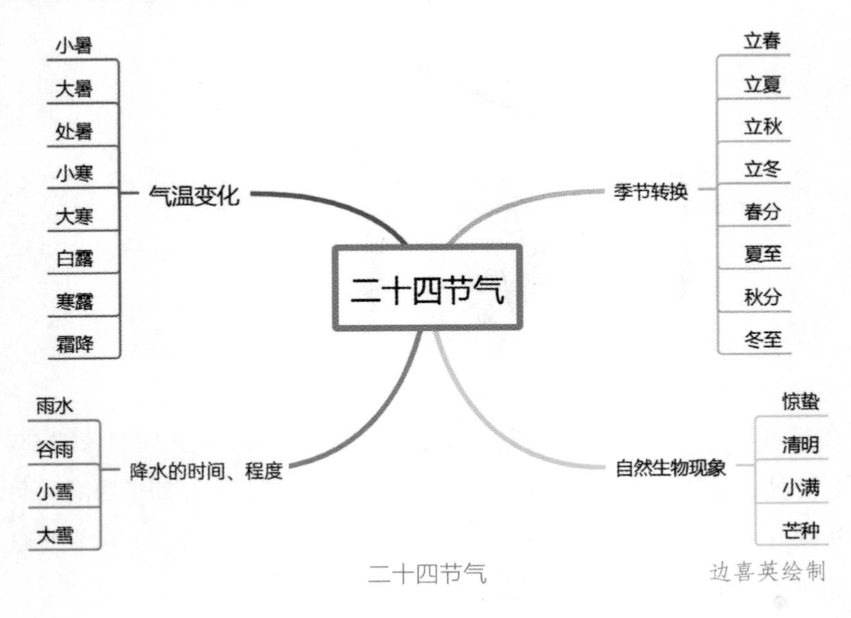

二十四节气　　边喜英绘制

五、二十四节气对应阴历、阳历还是农历呢

我国古代最早使用的历法是阴历，它是根据月亮圆缺变化的周期来制定的，月亮绕着地球转一圈为一个月。阴历的一个月叫作“朔望月”。每月初一为朔日，十五为望日，“朔望月”是月相盈亏的平均周期。随着农耕实践的发展，人们发现纯粹用阴历历法和月份容易使阴阳失调、冬夏倒置，与农业生产的节候配合不上。

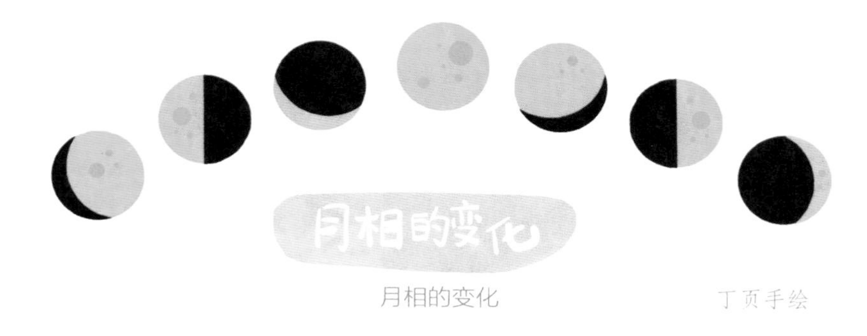

月相的变化　　丁页手绘

阳历又称为太阳历，是以地球绕太阳公转的运动周期为基础而制定的历法。太阳历的历年近似等于回归年，一年 12 个月，这个“月”实际上与朔望月无关。阳历的月份、日期都较好地接近太阳在黄道上的位置，根据阳历的日期，在一年中可以明显看出四季寒暖变化的情况。如今世界通行的公历就是一种阳历，平年 365 天，闰年 366 天；每四年一闰，每满百年少闰一次，到第四百年再闰，即每四百年中有 97 个闰年。公历的历年平均长度与回归年只有 26 秒之差，累积 3300 年才差一日。

很多人认为农历就是阴历，其实不然。对农事而言，阳历和阴历都存在缺陷，阳历的缺陷在于无法体现月相的变化，而阴历的缺陷在于无法体现四季的变化。农历是取月相的变化周期（朔望月）为月的长度，参考太阳回归年为年的长度，通过设置闰月以使平均历年与回归年相适应。农历在每 19 年中设置 7 个闰月，有闰月的年份一年有 383 天或 384 天。农历用置闰法填补了阴、阳

历的时间差，它是结合了阳历和阴历的一种阴阳历。

二十四节气是中国早期的太阳历，在现行的公历中日期基本固定，就如歌谣里唱的“上半年在6日、21日，下半年在8日、23日，前后不过相差1~2天”。根据节气过日子，人们的生活更加和谐一致，春耕秋收也有了规划。

六、二十四节气与七十二候之间的关系是怎样的

在每个节气时令中，古人又将自然界飞禽走兽的时令性活动，包括迁徙、蛰眠、复苏、始鸣、繁育以及各种花草树木萌芽、发叶、开花、结果和雷电发生等反映了气候、动植物变化的物象称为物候。

古代《逸周书时训解》首先记载，以五日为一候，三候为一气，六气为一时，四时为一岁，一年二十四节气共七十二候。北魏《正光历》又将“七十二候”正式载入历书，而二十四节气最早成书于西汉《淮南子·天文训》。物候的出现要早于节气，它是形成二十四节气的基础。大致分为两大类：一类是生物物候，既包括植物的，也包括动物的；另一类是自然现象，如东风解冻、虹始见、大雨时行、水始调等。

我们每年要过很多节日，例如：

农历的节日，春节（正月初一）、元宵节（正月十五）、春龙节（二月初二）、端午节（五月初五）、七夕节（七月初七）、中秋节（八月十五）、重阳节（九月初九）、腊八节（十二月初八）、小年（十二月廿三）、除夕（大年三十）。

阳历的节日，1月1日元旦、3月12日植树节、3月8日妇女节、5月1日劳动节、5月4日青年节、6月1日儿童节、7月1日建党节、8月1日建军节、10月1日国庆节。

请问：清明、冬至是阳历节日还是农历节日？每年的固定时间是什么

时候？

答：这两个日子既是节日还是节气，每年的时间与节气相对应，清明在4月4~6日，冬至在12月21~23日。

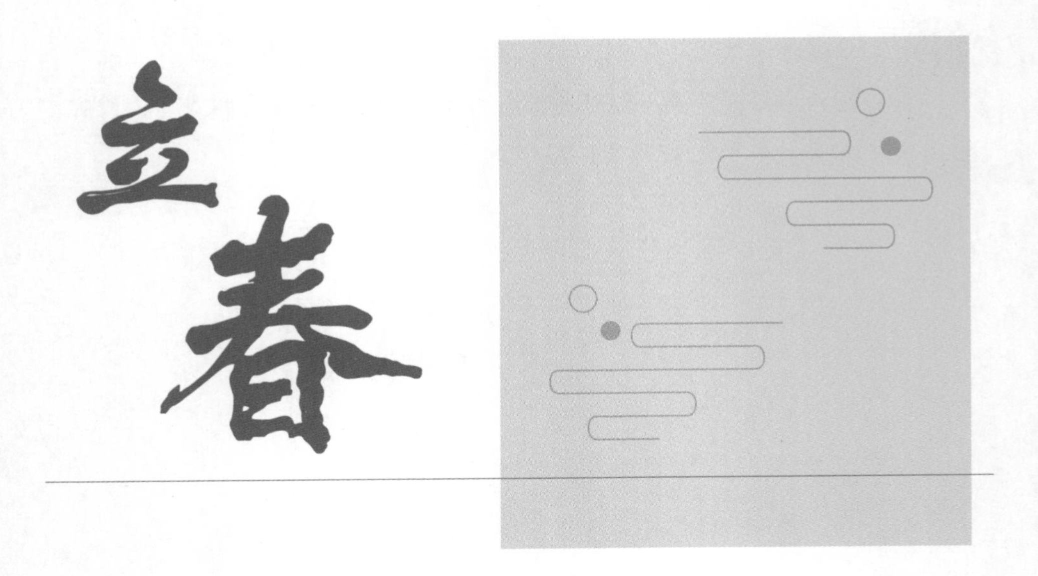

公历 2 月 3~5 日交节。

立春，位居二十四节气之首。立，始建也。立春，春气始而建立也，天气渐暖、冰雪消融、草木萌生。按气温标准统计，立春期间，我国只有云南、两广、海南部分区域处于气象意义上的春季，全国绝大部分地区仍处于寒冷的冬季。冷空气依然活跃，寒潮、大风、暴雪依然是天气舞台的主角。

一、立春三候

一候东风解冻。古人认为，立春后直到春分前刮的是“条风”，条风即东北风。东风一吹，冰封的天地开始解冻。

二候蛰虫始振。冬眠的虫类慢慢在洞中苏醒。

三候鱼陟（zhì）负冰。河里的冰开始融化，鱼开始到水面上游动，但水面上还有一些碎冰，感觉鱼游的时候像背着冰块一样。

立春时节，一切都是生机勃勃、欣欣向荣。

二、城市物种

（一）黄金束腰带——迎春花

【科属】

木樨科素馨属。

【形态特征】

落叶灌木。

【趣闻乐见】

“迎春开后百花开。”初春时节，万物尚瑟缩在春寒中，迎春花已盛开，把春天到来的消息传递给人们，这是来自大自然的语言，你收到了吗？

迎春花在园林绿化中培植在湖边、溪畔、桥头、墙隅，或在草坪、林缘、坡地，房屋周围栽植。枝条披垂，冬末至早春先花后叶，花色金黄，叶丛翠绿，极具观赏价值，而且具有不畏寒威、不择风土、适应性强的特点，历来为人们所喜爱。

有“诗魔”称誉的白居易曾写过一篇关于迎春花的诗词，用花明志，借花喻己。

玩迎春花赠杨郎中

金英翠萼带春寒，黄色花中有几般？

恁君与向游人道，莫作蔓菁花眼看。

金色的花瓣，翠绿的花萼，春寒犹在时就已开放，这种黄色的花，在百花之中又有多少呢？请向游玩赏花的人说一声，千万不要把它当作普通的花看待！诗人自喻为迎春花，用迎春花赠送杨郎中，希望借杨郎中之口向世人传播，说明自己是有气节有骨气有良知的君子。

说到迎春花的另一名字“金腰带”，这里还有一个关于西施的故事。春秋末年越王勾践卧薪尝胆，在文种、范蠡帮助下复国成功，范蠡携西施隐退，弃官从商。范蠡西施春游太湖，正值迎春花盛开时节，范蠡折下迎春花的一条长

云南黄馨　　边喜英摄

枝，围在西施腰间，西施高兴地喊道："真像条金腰带啊！"从此，迎春花也有了"金腰带"的雅称。范蠡把迎春花送给心爱的女子西施，迎春花的花语"相爱到永远"大概来源于此。

江南常见的迎春花为云南黄馨，俗称"野迎春"。在古人眼里，野迎春和迎春花差不多，两者都可以叫迎春。两者的区别是迎春花生长在北方，是落叶灌木；野迎春则是南方植物，冬夏常绿。在这里问大家一个问题，是不是植物的枝条都是圆形的呢？如果回答是，那你可以摸一下野迎春的枝条，你会有不一样的感觉。

（二）树冠广展、气势雄伟的香樟树

【科属】

樟科樟属。

【形态特征】

乔木。

【趣闻乐见】

作为四季常绿树木，香樟枝叶茂密，笔直挺拔，端庄稳重，气势雄伟。严寒冬季，北风怒吼，漫天大雪，它就像一位威武的战士，挺起胸膛，依然碧绿的叶子生机勃勃。夏日酷暑，赤日炎炎，香樟树广阔的伞形树冠为树底下的人们带来清凉。据不完全统计，有三十多个省市将香樟作为省树、市树。香樟不仅是浙江省的省树，也是杭州、宁波、嘉兴、金华、衢州、舟山、

台州市的市树。省树省花是一个省区地域风貌的表征，是一张具体、直接、现实的名片。

香樟花　　边喜英摄

香樟是常见的城市行道树，树冠广展，四季常绿。我曾以为香樟的树叶是不会落叶的，后来观察发现，一年四季都有落叶，特别是春天的时候，它树下红色落叶比较多，想来也是纳新吐故的缘由。

在江南很多古村落的村头，你都会发现有百年的老香樟树。高大挺拔的身姿是村落的标识，远归的游子很远就能望见，不禁加快了回家的脚步。伞形的大树冠是天然的“人民大礼堂”，村民可以在树下聊天休息，儿童们玩耍。

香樟叶　　边喜英摄

古时候江南人家生女儿的时候都会在前院种下一棵香樟树，香樟随着姑娘一起长大。当香樟长出院墙，媒婆就会上门提亲了。待姑娘出嫁的时候，用香樟木打两口木箱子，然后里面放入丝绸作为陪嫁，寓意着两厢厮守。家里衣物放在樟木箱子里面，不仅衣服很香，驱虫的效果也很好。很多博物馆里存放文物用的都是樟木箱子。

（三）白头到老的夫妻典范——白头鹎

【科属】

雀形目鹎（bēi）科鹎属。

【形态特征】

成鸟体长 17~21 厘米。

白头鹎　　　　童雪峰摄

【分布与习性】

城市小区里的常见鸟类。头顶部白色，额头部位黑色，背部和尾部呈橄榄绿色或黄绿色，腹部污白，尾较长。不畏人，常成群栖息。杂食性鸟类，春夏两季以动物性食物为主，秋冬季则以植物性食物为主。动物性食物中以鞘翅目昆虫为最多，如鼻甲、步行甲、瓢甲，是农林益鸟之一。植物性食料大部为双子叶植物，也食一部分浆果和杂草种子，如樱桃、乌柏、葡萄等，时常飞入果园偷吃果实。

【趣闻乐见】

成年白头鹎的眼后有一块白色斑，向后延伸至枕部（除华南及海南亚种），年岁越老，白色斑就越大，故别名"白头翁"。亚成鸟整体灰色，仅头部呈橄榄色，且没有标志性的白头。

白头鹎在中国古代文人墨客的诗画中经常提及。比如，白居易《新秋病起》："犹须自惭愧，得作白头翁。"明代有位画家王绂（fú）画过白头翁并题曰："欲诉芳心未肯休，不知春色去难留。东君亦是无情物，莫向花间怨白头。"明朝诗人沈周在《白头公图》中曰："十日红帘不上钩，雨声滴碎管弦楼。梨花将老春将去，愁白双禽一夜头。"在诗中大多讲的都是白头鹎是愁白了头发。其实白头鹎的性格很欢快的，无论在暖春、酷暑、寒秋、严冬，无论花开花落、叶绿叶落，它们用有些聒噪的嗓门，呼朋唤友，从一片树林飞往另一片树林，或者飞到沼泽地中被雪压倒的芦苇上，它们把每一个地方都当成了游乐场，嬉戏、欢叫，好像来到这个世界上，就不想让任何不快乐的事情愁白少年头。

在春天里的林间草地上，常常可以看到两只恋爱中的白头鹎悬在半空翩跹起舞，温馨甜美，夫唱妇随，双栖双宿，人们以之作为夫妻百年好合、白头偕老的象征。

三、户外观察——圈定秘密花园

大自然是最好的老师，你是否经常留意身边的自然环境呢？你是否有记录、积累和创新呢？今天请迈开你的脚步，打开你的双眼，现在就去你经常活动的户外，圈出一块“自留地”，作为你经常开展自然观察的活动区域。选一棵你喜欢的树木，在一年的二十四个节气中经常去问候它，就像《小王子》里的小王子与玫瑰一样，和它建立关系，让它成为你的自然朋友。

绿地图（Green Map）是一种描绘环境或人文等主题和景点的特殊地图，它通常由志愿者自己绘制或制作，并采用一套世界通用的图例来标注其中的景点。一般选用蓝、绿、黄等基本色调，形象化地标示出当地特有的动植物分布、基础和交通建设、人文景观等十几类超过百种的地区信息，以此来反映一个地区的生态和人文景观。

绿地图的标注包括地图标题、指北针、图标示例、景点说明、制作人姓名和时间，以及一些自己创新的东西，故每一份绿地图的绘制都是独具特色的。其中包括各种充满地方风格的手绘、童趣盎然的图画、色彩鲜艳的布艺拼贴，也有精确的等高线山区介绍、复杂精准的都市道路图，或者包含整个城市的详尽而广博的介绍。

圈定秘密花园，草绘地图

现在的你可能不是非常熟悉你周边的生态情况，建议圈定一个你经常拜访、后期便于观察的范围作为你的秘密花园。草绘一张地图，先确定几个有标志性特征（如高大、独特等）的自然朋友，以后每个节气都去拜访你的花园，待发现越来越多的自然信息后，慢慢填满这张地图。

四、立春习俗

民间有“立春养生，百病不生”的说法。春天是人体机能逐渐恢复，新陈代谢最活跃的时期。如果把全年的养生比作一场长跑接力赛，那么春天就是最重要的第一场比赛。只有做好开春的养生工作，才能为一年的健康打下良好的基础。

早春寒冷干燥，容易缺水。多喝水可以补充体液，加强血液循环，促进新陈代谢。立春后春意萌发，但冬季的阴寒并未消散，甚至还会出现“倒春寒”，所以立春养生最重要的是养阳。可以吃一些味甘发散的葱、香菜、花生、韭菜、虾等，而且还可以适当多吃牛蒡、莲藕、萝卜、胡萝卜等。

立春的饮食习俗有咬春、吃春饼、摆春盘等。选取春日新鲜蔬菜进食，既为防病，又有迎接新春之意。

（1）咬春。明人刘若愚《明宫史》载：至次日立春之时，无贵贱皆嚼萝卜，名曰“咬春”。萝卜又名“莱菔”，它生熟食用皆宜，生用味辛性寒，熟用味甘性微凉，是立春时节最佳的保健食物。

咬春　　丁页手绘

（2）五辛盘。由五种带气味的蔬菜做成的拼盘。《风土记》中说，“元日造五辛盘”。“五辛”即小蒜、大蒜、韭菜、芸薹、胡荽，供人们在春日食用后发五脏之气。

（3）春盘面。元《饮膳正要》“春盘面”由面条、羊肉、羊肚肺、鸡蛋煎饼、生姜、蘑菇等十多种原料构成。

（4）春饼。所谓春饼，又叫荷叶饼，烙熟后可用来卷菜吃。菜就是用时令蔬菜，如韭黄、豆芽、香干等切成的丝，或拌或炒。讲究的可加海参丝、肚丝、香菇丝、火腿丝，这样就更好吃，也更营养。

五辛盘　　丁页手绘

春饼　　丁页手绘

（5）春卷。春卷作为江南民间节日的传统食品，由春盘的习俗演变而来。用干面皮包火腿、鸡肉、猪肉或春季鲜蔬等，经煎、炸而成，是春饼的升级版。

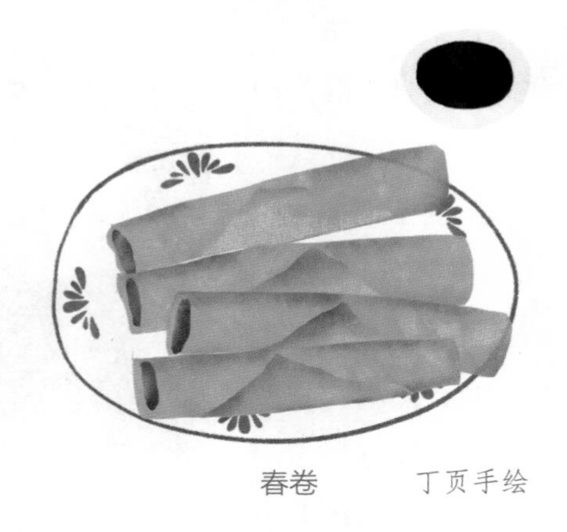

春卷　　丁页手绘

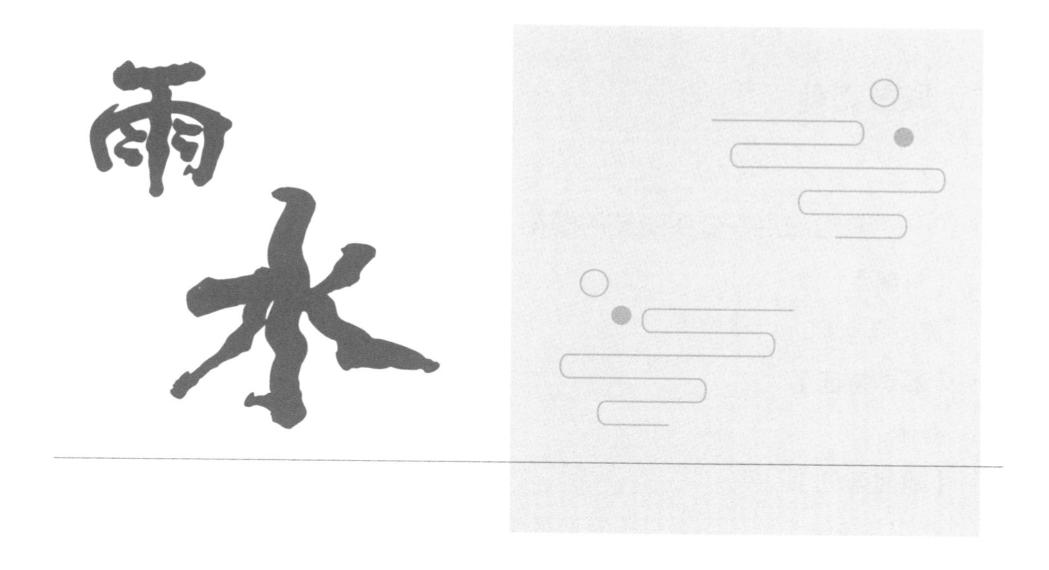

公历 2 月 18~20 日交节。

《尔雅》曰:“天地之交而为泰。”“春”字体现阳光,“泰”字体现雨露,皆是万物所需。随着雨水节气的到来,春风拂面,冰雪融化,空气湿润,阳光温和,细雨缠绵,我们的生活也充满了新的希望。

杜甫有诗云:“好雨知时节,当春乃发生。随风潜入夜,润物细无声。”诗句生动描述了春天——万物萌芽生长的季节,雨水伴随着和风,在夜幕降临时悄悄地、细细地滋润着万物。

一、雨水三候

我国古代将雨水分为三候:“一候獭祭鱼,二候鸿雁来,三候草木萌动。”此节气,水獭开始捕鱼了,将鱼摆在岸边如同先祭后食的样子;五天过后,大雁开始从南方飞回北方;再过五天,在“润物细无声”的春雨中,草木随地中阳气的上腾而开始抽出嫩芽。从此,大地渐渐开始呈现出一派欣欣向荣的景象。

二、城市物种

（一）梦幻绚烂、低头浅笑的樱花

【科属】

蔷薇科李属。

【形态特征】

乔木。

【趣闻乐见】

樱花花色幽香艳丽，为早春重要的观花树种，常用于园林观赏，群植，也可植于山坡、庭院、路边、建筑物前。盛开时节花繁艳丽，满树烂漫，如云似霞，极为壮观。城市内经常大片栽植造成“花海”景观，或三五成丛点缀于绿地形成锦团；也有孤植，形成“万绿丛中一点红”之画意。樱花还可作小路行道树、绿篱或制作盆景。

单位里有几十棵樱桃，开花时盛美，结果时味美。我注意到城市道路和小区里的樱花树都未结果。我曾试图探究樱花和樱桃的区别，二者在植物志中同属于蔷薇科李树，具体的区别多方考究不得其解。在开展活动的时候，也有公众提出过这个问题，我也是很诚实地说，要继续考究，也许是有的樱花树不想生孩子吧，哈哈。后来我在微信公众号“植物星球”上看到，无论樱花还是樱桃，都是兄弟姐妹，有些走颜值路线，有些是实力派，有些不孕不育，都是一家人。有些人想赏花，于是各种杂交培育等，最后有了能开非常好看的花的樱花，它们以观赏为主，目标只是花好看，它们都是

樱花　　边喜英摄

樱花。有些人想吃果实，于是培育的目的就是要让果子大，果子甜，果子风味好，这类当然都叫樱桃。于是，前者为樱花，后者为樱桃。其实还是一伙。还有些是两条线都走的，好吃还好看。从此不再纠结。

（二）洁白如玉、香气如兰的白玉兰

【科属】

木兰科玉兰属。

【形态特征】

落叶乔木。

【趣闻乐见】

白玉兰，又称望春、玉树、玉堂春。早春繁花盛开，花朵如杯盏大小，洁白的花瓣或卷曲或伸展，极有风致，朵朵向上。夏季的时候，花儿落尽后，又慢慢地钻出嫩绿的叶芽。玉兰的叶片卵形，不大不小的，细看有细细的绒毛，颜色是嫩嫩的，也是极为漂亮。当秋风吹落了玉兰润美的叶子后，披着绿色绒毛的小花苞就已经立在枝头了。冬天的时候，玉兰花苞的“毛衣”会变成了灰绿色的“绒衣”，每一花苞挺立在枝条的顶头，就像一支毛笔头在天空中书写未来。冬日的寒风霜雪，没有一个花苞坠落。原来春日的灿烂是经历过寒冬风雪考验的呢。

从风景园林设计来讲，在庭院之中种一棵白玉兰树、一棵桂花树，寓意“金玉满堂”。

盛开的白玉兰　边喜英摄

白玉兰花苞（冬季）　边喜英摄

（三）比乌鸦小一号的乌鸫

【科属】

雀形目鸫科鸫属。

【形态特征】

成鸟体长 24~30 厘米。

乌鸫　　童雪峰摄

【分布与习性】

城市中很常见的鸟类。通体黑色，眼圈金黄色，雄鸟的嘴是黄色的。在地面行走时弓背低头，“鬼鬼祟祟”，几步一停，鸣声多变。春季常于清晨即开始鸣叫。非繁殖期一般集小群，甚不惧人。活跃于庭院及林地草坪，公园、小区等四季常见。

乌鸫是农林坚强的卫士。以甲虫、蝗、蚊、蝇等昆虫为主，偶尔也吃果实，为杂食性鸟类。它在 3~7 月繁殖，筑巢于乔木的枝梢上，以枝条、枯草、松针等筑成深杯状，每窝产卵 4~6 枚，由雌鸟孵化。

【趣闻乐见】

乌鸫别名百舌、反舌、中国黑鸫、黑鸫、乌鸪。乌鸫是《愤怒的小鸟》里炸弹鸟的原型。不少人以为它是乌鸦，其实不然。一般乌鸦的体型比乌鸫要大许多，而且乌鸫的黄嘴与乌鸦的黑嘴也有很大区别，另外乌鸦远没有乌鸫那么动听的歌声。

乌鸫是深藏不露的口技表演家，它的歌声甚至胜于以鸣叫见长的画眉、百灵等，在欧洲就有“百舌鸟”之称。乌鸫是瑞典国鸟。乌鸫唱出美妙的歌声，就是为了讨雌鸟的欢心——雌鸟喜欢善唱的雄鸟成为它的伴侣，歌唱得越动听越复杂，雄鸟越能得到雌鸟的青睐。它是人们喜欢的鸣禽，欧洲人说乌鸫歌声中的乐句像人类的音乐，并且可以用五线谱记录下来。英国博物学家威切尔在《鸟音进化》一书中用音乐符号记录了76种乌鸫的音调，他认为许多乐句跟人类的音程完全相同。英国另一个博物学家赫德逊说，有些鸣禽比乌鸫的模仿能力要高得多，但它们的啭鸣声中从来没有近似人类音乐的乐句。

三、户外观察——认识“五感”观察

很多人喜欢看到美丽的事物马上拍照，在这里特别指出的是，不要轻易拍照。因为很多时候，拍照反而会让你忽略很多有趣的细节。在户外的时候，不妨先用眼睛进行细致的观察，你一定会发现一些与众不同的东西。因为我们看见的只是我们想看见的，如果调动“视觉、听觉、嗅觉、触觉、味觉”多感官方式进行观察，可更好地观察、了解、感受自然。

“五感”理论最早源于佛学的五种色根，即眼根、耳根、鼻根、舌根、身根。五感代表了五个感觉器官的机能，即视觉、听觉、嗅觉、味觉、触觉。人通过五感认知周围的外部空间，通过各种感官协同作用，形成对客观环境的完整映象及情感体验。

视觉：当我们接触到一个新事物的时候，往往都是通过眼睛先看到这个物体，看见这个物体的大小、高矮、形状和颜色等，即使我们不知道它们的名字，也可以通过这些信息来感知它。

触觉：人的手、足和身体都是触觉器官，可以通过触摸直接感受自然界中粗糙的树皮、柔软的枝蔓、滑动的细沙以及冰冷的钢铁等外部环境刺激，丰富触觉感知，加深环境记忆。

听觉：自然界中风拂杨柳产生沙沙声，泉水滴落产生叮咚声，鸟儿发出悦耳的鸣叫声等，自然界中不同音调、音色的声音通过耳部听觉神经系统，能够在人大脑中产生具体“图像”，起到缓解紧张心理和抑郁情绪的作用。

嗅觉：植物散发的天然香气传输到大脑形成嗅觉感知，对舒缓情绪紧张、缓解焦虑效果显著，可以起到强身健体、防虫防毒的作用。

味觉：品尝植物果实带来的愉悦享受，让人印象深刻。但在自然中，尽量引导公众不要现场品尝，主要是为了保证安全，另外现场摘食也不文明。可以讲，好吃的植物大多都是人工改良过的，集中在菜场或水果店。

观察任务

开启你的“五感”，利用多感官进行自然探究

提前准备眼罩、勘测路线，保证蒙眼期间的行走路线安全。邀约一位小伙伴，来到你的秘密花园。

两人作为一组，其中一个人蒙眼，另一个人作为向导。向导牵着蒙眼人的手，先慢慢地转几个圈，打乱蒙眼人的方向感；然后引领着蒙眼人缓慢而平稳地穿过树林，直到将蒙眼人的手放在自然树干上。引导他用多种感官熟悉这棵树，一会儿再带离他回到原位或其他的位置，取下眼罩，然后请他寻找“我的树”。

在他蒙眼期间，向导可适当用问题引导他打开他的感官。例如，“你现在走过的路，是布满落叶的还是软软的草丛？”“请抱一抱这棵树，感觉这是棵大树还是小树？”“树干摸上去是平滑的、粗糙的还是疙疙瘩瘩的？”“触摸一下它的叶子，是什么感觉？”“它有没有散发出什么气味？”“有没有摸到任何长在树干上的植物？”等。

当蒙眼人回到出发点，摘掉眼罩后，他会用全新的眼光观望打量整个树林，凭着他的感官记忆，寻找“我的树”。是否会很笃定地认出呢？

然后双方角色互换。

最后是分享和交流，鼓励参与者谈谈自己的体验。可以提示的问题有："那棵树的什么特点让你这么快就认出它？""当你真正看到那棵树时，与蒙眼时哪里不一样？""寻找确认的过程中，你都用了哪些方法？"等。

四、雨水习俗

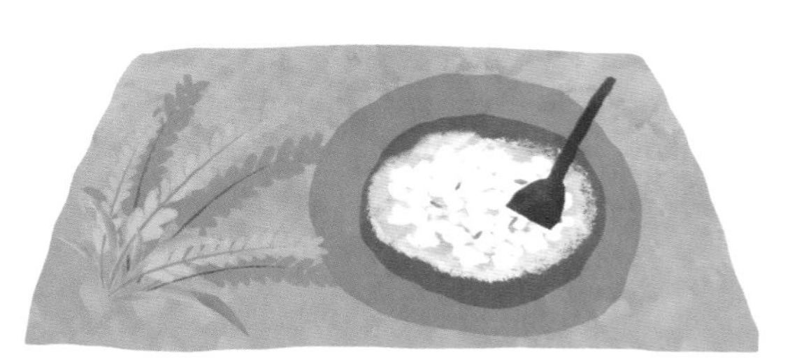
爆米花　　丁页手绘

占稻色。古人利用爆炒糯谷米花，来占卜这一年稻谷收获的丰歉，欲用此法来把握农事。成色的好坏，就看爆出的糯米花数量。爆出来的糯米花越多，这一年稻谷的收成就越好；爆出来的糯米花越少，就意味着收成不好，米价将贵。另外，"花"与"发"语音相似，也有发财的预兆。有些地方会用爆米花供奉天官与土地社官，以祈求五谷丰登。

拉保保　　丁页手绘

拉保保。雨水这天，民间有一项风趣的活动叫"拉保保"（保保，指的是干爹）。"拉保保"是川西一些地区的风俗，流传至今。旧社会，人们迷信命运，在雨水节气拉干爹，寓意"雨露滋润易生长"。在川西民间，有拉干爹的特定场所。雨水这天，要拉干爹的父母提着装有酒菜、香蜡、纸钱的篼子，带着孩子找寻适合当孩子干爹的对象。被认作干爹的人认为这是别人对自己的信任，自己的命运也将会有所好转。

回娘家。到了雨水这天，出嫁的女儿纷纷带上礼物回娘家拜望父母。已有了孩子的妇女，须带上罐罐肉、椅子等礼物，感谢父母的养育之恩。久婚未孕的妇女，也要带上礼物回娘家，由其母亲为她缝制一条红裤子，穿到贴身处，以示吉祥，祈求来年得子。

回娘家　　丁页手绘

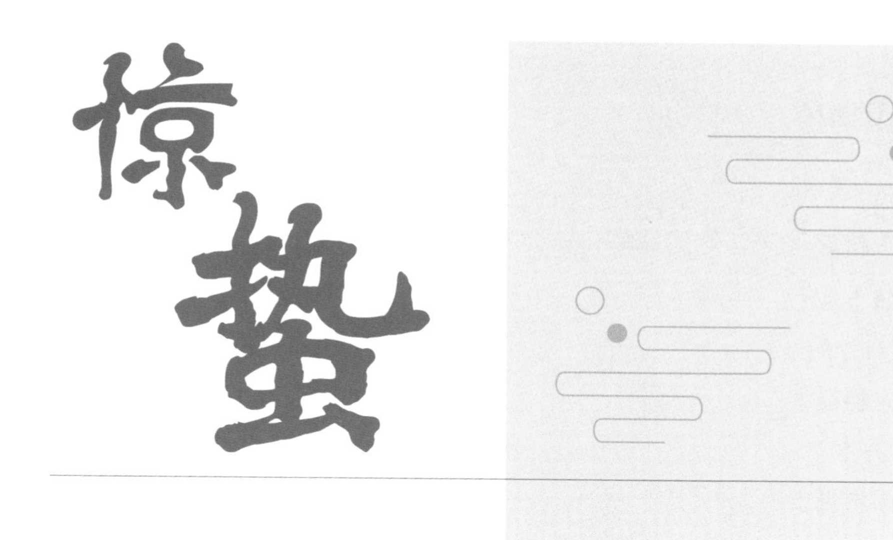

公历 3 月 5~7 日交节。

“惊”是惊醒、惊动之意，“蛰”是“蛰伏”之意。古人称，动物入冬藏伏土中不饮不食，为“蛰”，当春天的雷声响起时，冬眠的动物会被惊醒，“惊蛰”便由此而得名。其实，真正叫醒冬眠的小动物的是逐渐升高的气温和变暖的天气。惊蛰的到来，同时也标志着仲春时节的开始。

一、惊蛰三候

一候桃始华。指的是惊蛰之日，桃花始开。桃之夭夭，灼灼其华，乃闹春之始。红入桃花嫩，青归柳叶新。流水桃花，便引出千媚百态的春天景色。

二候仓庚鸣。感春阳之气，嘤其鸣，求其友。天气逐渐变得温暖，小鸟鸣叫，动物开始求偶。

三候鹰化为鸠。鹰和鸠是两种不同的鸟。古时候人们并不知道在惊蛰这个节气鹰飞往北方繁衍后代了，误以为鹰化为了声声催人“布谷”的鸠，便以“鹰化为鸠”作为物候的特征。

二、城市物种

（一）桃之夭夭，灼灼其华——桃花

【科属】

蔷薇科李属。

【形态特征】

落叶乔木。

【趣闻乐见】

桃红柳绿，春光明媚，美丽的桃花总是和春光紧密地联系在一起。阳春三月，桃花盛开，花儿虽不像牡丹那样国色天香、富贵气逼人，也不像兰花那样幽静素淡、过于洁净。它娇艳、轻灵、温婉、明媚，常被文人墨客在书画和诗词里描画。“山桃红花满上头，蜀江春水拍山流。”唐代诗人刘禹锡用“山桃红花”四字描写出一幅春山春水的画面。长期传诵的陶渊明的《桃花源记》，1000多年来，对于无数追求理想生活的人，是巨大的慰藉。

桃花　　陈丹维摄

桃既有很多食用桃的品种，如油桃、蟠桃等，又有很多观赏桃品种，如碧桃、紫叶桃、菊花桃、垂枝桃等。欧阳修曾有感于“牡丹花之绝，而无甘实；荔枝果之绝，而非名花”，而桃则是两者兼美。桃树栽种生长迅速。白居易的《种桃歌》对于这个有具体生动的描写：“食桃种其核，一年核生芽，二年长枝叶，三年桃有花。忆昨五六岁，灼灼盛芬华。”

（二）我不是柚子，请叫我香泡

【科属】

芸香科柑橘属。

【形态特征】

小乔木或灌木。

【趣闻乐见】

香泡在秋天果实成熟的时候，长得就像一个大泡泡一样，且自带香味。春天开花，盛花期时，未走近就能闻到花香，与玉兰花清香不同，香泡树花呈浓郁的香橙味，香香甜甜的让人心情非常愉悦，也常常被我作为嗅觉探寻的引导物。白色的小花能持续一个月左右，花瓣五片，肉质；雌蕊一个柱头，浅绿色，呈喇叭状，表面有黏液，是不是分泌花蜜，有兴趣的话可以继续观察。

香泡常被公众当作柚子。它们同是芸香科、柑橘属的植物，细分起来有比较细微的差别。香泡和橘子、柚子树不同，树干上有短而尖的圆锥形尖刺。果实是卵圆形，或者是以长椭圆形为主，长得和柚子非常地相似，但是在果顶却有乳状突起，果皮也不如柚子的光滑，单果的重量可达2000克。一到金秋时节，成熟的香泡是黄色的，高高地挂在树上，就像是树上挂满了金蛋。

香泡　　陈丹维摄

香泡的果皮很厚，有较强的黏性，并且有很好的芳香味。掉在草丛里的香橼还沾着草末和泥土，轻轻擦干净，放到办公室，沁人心脾，真的是上等的天然空气清新剂。

（三）麻雀

【科属】

雀形目雀科麻雀属。

【形态特征】

成鸟体长 13~15 厘米。

【分布与习性】

麻雀主要栖息在接近人类的环境，包括城市和乡村。经常结群活动，不畏人。中国的麻雀共有 5 种，浙江看到的是树麻雀，它最明显的区别是脸部的黑色斑块（树麻雀幼鸟的黑斑可能就没有成鸟明显）。其他 4 种（山麻雀、家麻雀、黑顶麻雀、黑胸麻雀等）在浙江没有发现。

【趣闻乐见】

麻雀是益鸟还是害鸟？这个问题一直饱受争议。人类与麻雀之间的公案，最为著名的就是 20 世纪 50 年代的中国剿灭麻雀行动。当时，全国掀起以除害为中心的爱国卫生运动。因为麻雀吃稻谷和小麦，也被视为“四害”（老鼠、苍蝇、蚊子、麻雀）之一。当时人们以消灭麻雀为荣，敲锣打鼓驱赶，用鸟枪轰，用竹梢打，掏巢砸卵，那是麻雀的一场噩梦。随后，人们发现，一些地方消灭了麻雀，害虫比麻雀还要凶猛。原来麻雀虽然吃稻谷和小麦，但它们吃得最多的食物还是害虫。如今麻雀和人和平共处，只要有树丛、有庄稼地，它们就不缺乏食物。

益鸟和害鸟是站在人类利益的角度来看的，对人类有益的就是益鸟，对人类有害的就是害鸟。从自然角度来说，任何一个物种都说不上有益还是有害，它们都是生态系统不可或缺的一部分，存在即合理。

三、户外观察——“五感”观察之视觉

在自然里发现美丽的事物，很多人习惯拿起手机或相机拍摄记录。一个科学报道说，与数码单反相机相比，人的眼睛大约是一台配有 50 毫米的标准镜头，光圈从 F4~F32 自动调整，ISO50~6400（感光度），快门约 1/24 的连拍相机，

对焦速度非常快，最远与最近的对焦距离切换只要0.5秒，像素可达5亿以上。这些数据可能对于不常玩相机的朋友比较陌生，但是可以说明眼睛比任何数码相机的功能更强大。善用你的眼睛来看自然吧，你会有与以往不同的收获！

在我们的生活经验里，彩虹的红、橙、黄、绿、青、蓝、紫七彩色是我们对色彩最深刻的印象。不过，在大自然中，并不只有这单纯的七种色彩，人类的眼睛可以分辨上千万种的颜色。因此，在做自然观察时，我们必须更仔细地去分辨，而且要多学习关于色彩的知识，学会看透大自然要传递给你的信息。例如，树上结的果实由绿转红，这表示我们有香甜的水果可以享用；见到枫叶变红、银杏树叶变成金黄色，可以知道秋天的到来。颜色除了透露生命的美丽信息以外，生物也会通过它传递“危险”的信号。例如，剧毒金环蛇，身上黄黑交错的颜色让人觉得来者不善，也知道路旁的护栏电线杆为何要漆上黄、黑两色的纹路，因为它正是“小心危险”的最佳提醒。

视觉练习——颜色的观察

在你的秘密花园里，找到花朵种类较为丰富的地方，选择一朵花，对照比色卡进行密码编辑，按照花朵中颜色的多少排序。编辑好后，与伙伴交换，看他（她）能否找到“你”的花朵。

密码编辑举例。

针对这朵花，编辑颜色密码举例：L1–B7–A7–J2–H1。

A	A1	A2	A3	A4	A5	A6	A7	A8	A9
B	B1	B2	B3	B4	B5	B6	B7	B8	B9
C	C1	C2	C3	C4	C5	C6	C7	C8	C9
D	D1	D2	D3	D4	D5	D6	D7	D8	D9
E	E1	E2	E3	E4	E5	E6	E7	E8	E9
F	F1	F2	F3	F4	F5	F6	F7	F8	F9
G	G1	G2	G3	G4	G5	G6	G7	G8	G9
H	H1	H2	H3	H4	H5	H6	H7	H8	H9
I	I1	I2	I3	I4	I5	I6	I7	I8	I9
J	J1	J2	J3	J4	J5	J6	J7	J8	J9
K	K1	K2	K3	K4	K5	K6	K7	K8	K9
L	L1	L2	L3	L4	L5	L6	L7	L8	L9

比色卡

资料来源：桃源里自然中心教案集

四、惊蛰习俗

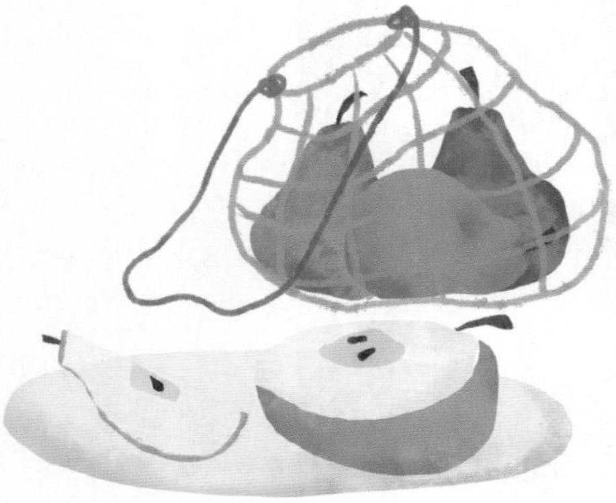

吃梨　　　　丁页手绘

吃梨。民间有惊蛰吃梨的习俗。升高的气温让人变得越来越容易口干舌燥。梨子具有润肺止咳、滋阴清热的功效，此时吃梨具有很好的养生效果。

打小人。“打小人”就是用木拖鞋拍打纸公仔，有驱赶霉运、去晦气的作用，表达人们对于美好生活和幸福未来的美好憧憬。

打小人　　丁页手绘

蒙鼓皮。春雷是惊蛰的重要特征，人们认为这是天庭的雷神在击打天鼓。传说雷神是一位鸟嘴人身、长了翅膀的大神，一手持锤，身边环绕许多天鼓。

蒙鼓皮　　丁页手绘

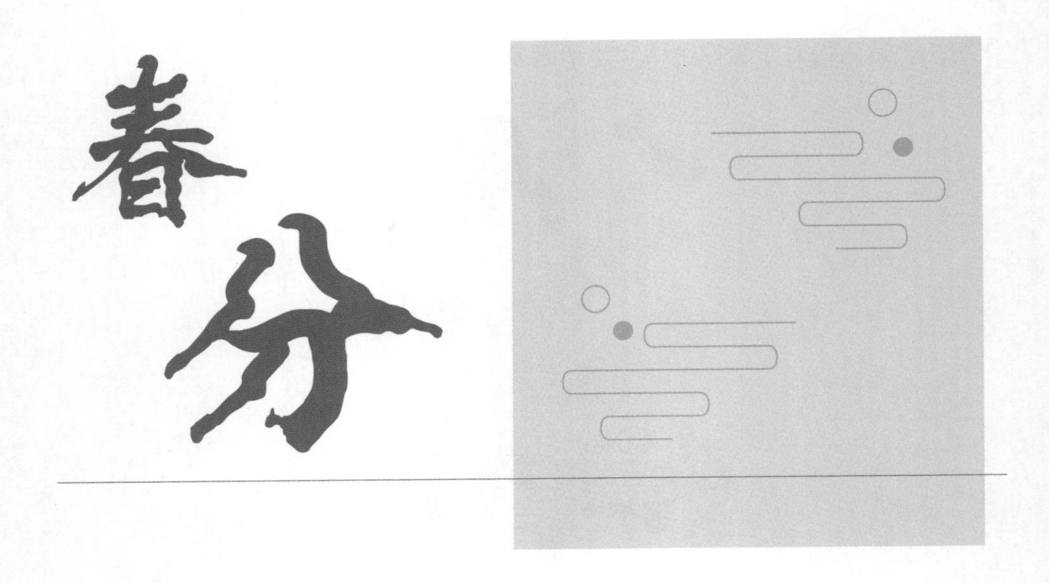

公历 3 月 20~22 日交节。

春分日，太阳光直射地球赤道，全球昼夜几乎等长，此后太阳直射点继续北移。古时又称为“日中”“日夜分”“仲春之月”。春分一是平分了时间：昼夜这一天各占 12 个小时；二是平分了春季：古时以立春至立夏为春季，春分正当春季三个月之中。

一、春分三候

一候元（玄）鸟至。元鸟，又称玄鸟，也就是燕子。春分到，燕子该来了。春分时节，天气变暖，去年秋分飞往南方过冬的燕子又飞回了北方，回到了曾经居住过的屋檐。

二候雷乃发声。春分后五日，阳气回升，开始出现隆隆作响的春雷。古人认为，“雷者阳之声，阳在阴内不得出，故奋激而为雷”。古人认为，阴阳相搏为雷，惊蛰之时已有雷声响起，春分之时阳气更是渐渐旺盛，但还是有阴气，于是两者相碰撞，互相激荡，出现了隆隆的雷声。

三候始电。古人认为，闪电是阳气的光，冬季阳气衰弱时见不到光，春天阳气渐盛，虽然有阴气的抑制，但还是要发出光来，所以，春季过半，人们开始见到闪电了。

二、城市物种

（一）最是那一低头的温柔——垂丝海棠

【科属】

蔷薇科苹果属。

【形态特征】

乔木。

【趣闻乐见】

宋朝任希夷曾写一首《垂丝海棠》，生动地描写了垂丝海棠花的神韵："宛转风前不自持，妖娆微傅淡胭脂。花如剪彩层层见，枝似轻丝袅袅垂。"垂丝海棠又名有肠花，思乡草之名，象征游子思乡，表达离愁别绪的意思。又因为王仁裕所写的《开元天宝遗事》中记述了唐玄宗曾将杨贵妃比作会说话的垂丝海棠，即指美人善解人意，像一朵会说话的花，所以后来垂丝海棠常常被用来比喻为美人。垂丝海棠树高可以达到 5 米，细小的枝条微微弯曲，呈现出圆柱形，叶片多是椭圆形，花瓣呈现出倒卵状，开花后可以结果，果实大多是梨形。

垂丝海棠　　边喜英摄

（二）会变色的小马褂——鹅掌楸

【科属】

木兰科鹅掌楸属。

【形态特征】

乔木。

【趣闻乐见】

鹅掌楸的花单生枝顶，由于树木高大，枝繁叶茂，花常被叶子遮盖，不太注意的话，还真看不到。叶鹅掌形，与清朝服饰马褂形状相似，故俗称“马褂木”。花黄绿色，形似郁金香，称为“中国的郁金香树”。

杂交鹅掌楸花　　边喜英摄

鹅掌楸和水杉、银杏一样历史久远，是一种古老的孑遗植物。在白垩纪的化石中，就有它的身影。到新生代第三纪还有十多种，到第四纪冰期才大部分绝灭。现仅存鹅掌楸和北美鹅掌楸。鹅掌楸叶子是一对裂片，北美鹅掌楸叶子基部是两对裂片。

北美鹅掌楸也是世界四大行道树之一。17 世纪从北美引到英国，其黄色花朵形似杯状的郁金香，故欧洲人称之为“郁金香树”。速生高大落叶乔木，在原产地高达 60 米。

浙江常见的为杂交鹅掌楸——鹅掌楸和北美鹅掌楸的孩子。杂交鹅掌楸既有两对裂片也有一对裂片，叶柄基部有两个对立的侧裂，更像立领衫，花比鹅掌楸的大且更为艳丽，基部呈橙黄色。

鹅掌楸果实　　边喜英摄

（三）戴波点披巾的贵族——珠颈斑鸠

【科属】

鸽形目鸠鸽科斑鸠属。

【形态特征】

成鸟体长 30~33 厘米。

珠颈斑鸠　　童雪峰摄

【分布与习性】

国内广布于华北及其以南，包括海南及台湾。为常见的留鸟。咕咕的叫声很具识别性，整体矮胖型，在地面上可以走动。脖子后面（顶部）有一块明显的色块，分布有很多白色斑点。飞行时尾羽最外侧呈白色，中间不连贯。活动于各种生境，特别是人类聚居地附近的农田、林地、城镇及乡村等。常在地上觅食，不是很怕人。

【趣闻乐见】

珠颈斑鸠俗称“野鸽子”，因为它和家鸽的祖先原鸽是同一科的。

民间有“鹊巢鸠占”的说法，是有一定道理的。斑鸠有时也会占用其他鸟类的巢，但它们也会筑巢。它们筑巢选址很有意思：通常由雄鸟先寻找合适的地方，然后再带雌鸟去选，选一个双方认为可以的地方，一起筑巢。斑鸠的巢呈平盘状，甚为简陋，主要由一些细枝堆叠而成，结构松散。

珠颈斑鸠通常为一夫一妻制。繁殖期为每年的 5 月至 7 月。每窝产蛋 2 枚。产蛋前后相差 1 至 2 天。蛋为白色，呈椭圆形。由雄鸟雌鸟轮流抱窝孵化。孵化期为 18 天。小斑鸠由雄鸟雌鸟轮流照料、喂食。喂给小斑鸠吃的食物叫“鸽乳”。“鸽乳”是由小斑鸠父母的嗉囊将食物消化成食糜，并分泌一些特殊成分形成的高级营养品。喂养约 2 个星期，小斑鸠就必须离巢飞走。

《诗经》开篇第一首《关雎》，有的学者认为就是以斑鸠为题的。诗曰：“关关雎鸠，在河之洲。窈窕淑女，君子好逑。”作者借用斑鸠形影不离、此呼彼应的生活习性，来抒发青年男子对美丽姑娘的思慕之情。“于嗟鸠兮，无食桑葚！于嗟女兮，无与士耽！”《诗经》用斑鸠贪吃桑葚而昏睡不醒的典故，告诫那些天真的少女不要过分地迷恋男子。三国时的曹植则认为，斑鸠是一种吉祥鸟，他在《自鸠讴》中曰：“斑斑者鸠，爰素其质。昔翔殷邦，今为魏出。朱目丹趾，灵姿诡类。载飞载鸣，彰我皇懿。”大意是说，斑鸠鸟有美丽的容貌、清越的鸣唱和高标的品质，是祥瑞之鸟，能够彰显美好的德行。

三、户外观察——“五感”观察之视觉

视觉是人类最常用的观察方式，可是大多数时候，人类重点放在了“观”上，忽略了察。翻阅字典，观是看，察是仔细地看，含有调查研究的意思。通过你的超级视觉感官仔细地“观”和“察”，你可以发现一个崭新的自然世界！

视觉练习——形态的观察

找到一只小鸟，站在适当的位置，以不打扰它的方式静静地观察：

（1）看外形：包括身体的形态和尾部的样子、脚的长短和喙的形状。

（2）看颜色：从头部、胸部、腹部依次到尾端，最后看脚和喙的颜色，这是查图鉴的基础资料。

（3）看行为：吃东西、洗澡，还是唱歌呢？吃的是什么食物？是怎么洗澡的？唱歌的音律是怎样的？

（4）看生境：观察它的周围生境，是在水边、草坪上，还是灌木、乔木的中下层、上层等。

把以上内容一一记录下来，就是一个完整的观察记录啦。你会不会觉得这很像偷窥狂？对，自然观察就是偷窥大自然呀，做个快乐的“自然狗仔队”吧！

四、春分习俗

竖蛋。“春分到，蛋儿俏。”每年到了春分这一天，各地都会有数以千计的人在做“竖蛋”实验。这个玩法简单且富有趣味：选择一个光滑匀称、刚生下来四五天的新鲜鸡蛋，轻手轻脚地在桌子上把它竖起来。虽然失败者颇多，但

成功者也不少。春分成了竖蛋游戏的最佳时光，竖立起来的蛋儿好不风光。

竖蛋　　丁页手绘

放风筝　　丁页手绘

放风筝。春分时节，还是放风筝的好时候。空中各类的风筝，相互较着劲，比谁的更高，好不热闹。风筝又叫作纸鸢，起源于古代中国，至今已经有两千多年的历史了。市场上有许多的风筝可以买。以前的人们，风筝是自己制作的。想知道怎么样制作风筝吗？制作风筝时，先用细竹扎成骨架，再糊上纸或绢，系上长绳。放风筝时，则要根据风的方向、大小和速度来随时调整，才能让风筝越飞越高。

吃春菜　　丁页手绘

吃春菜。岭南地区春分日有个不成节的习俗，叫作“吃春菜”。“春菜”是一种野苋菜，乡人称之为“春碧蒿”。春分那天，全村人都去采摘春菜。采回的春菜一般与鱼片“滚汤”，名曰“春汤”。人们认为：“春汤灌脏，洗涤肝肠。阖家老少，平安健康。”一年之春，祈求的还是家宅安宁，身壮力健。

送春牛。春分时节，便出现挨家送春牛图的景象。把二开红纸或黄纸印上全年农历节气，再印上农夫耕田的图样，名曰“春牛图”。送图者都是些民间善言唱者，主要说些春耕和吉祥不违农时的话，每到一家更是即景生情，见啥说啥，说得主人乐而给钱为止。言辞虽随口而出，却句句有韵动听，俗称“说春”。说春人便叫“春官”。

送春牛　　丁页手绘

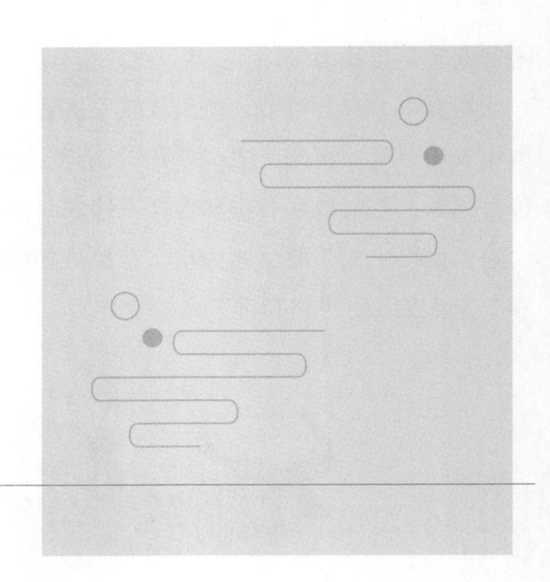

公历4月4~6日交节。

清明节，又称踏青节、行清节、三月节、祭祖节等，节期在仲春与暮春之交。清明节源自上古时代的祖先信仰与春祭礼俗，兼具自然与人文两大内涵，既是自然节气，也是传统节日。

一、清明三候

一候桐始华。“桐始华”的意思是桐树开花。这里的桐树因为地域的不同和生长环境的不同，也被认为油桐或泡桐。泡桐树先开花后抽芽，清明时节应时而开，花朵大，多为紫、白两色，是春、夏交替之际的重要物候。没准你出去踏青时，也能偶遇它。

二候田鼠化为鴽（rú）。鴽，为鹌鹑类的小鸟。这句话的表面意思是田鼠变成鹌鹑，可是田鼠又怎么会变成小鸟呢？习惯了阴暗洞穴环境的田鼠，也禁不住清明暖意的诱惑，试着爬出洞穴寻找食物，但刺眼的阳光让它们感觉不太舒服，又纷纷回到地下的洞里躲起来；喜爱灿烂阳光的鹌鹑，反而从洞里爬出，古人就误以为，进入洞里的田鼠出洞后都变成了鹌鹑。

三候虹始见。“虹始见”指的是彩虹出现。朋友们有没有觉得雨过天晴后的彩虹很美丽呀！恰巧清明时节雨水逐渐增多，雨滴变大，气温升高，自然界变得生机勃勃。雨过天晴后，太阳通过对水滴的折射与反射便有了彩虹的出现。

二、城市物种

（一）飞舞的紫色蝴蝶——紫藤花

【科属】

豆科紫藤属。

【形态特征】

大型藤本。

【趣闻乐见】

紫藤花又叫藤萝花。紫藤是先开花后长叶，还是先长叶后开花呢？其实，它是先开花后长叶。因为紫藤花芽生长所需要的气温比叶芽所需要的气温低，早春的温度已经满足了生长需求。于是花芽逐渐开始膨大开放，但是这时候叶芽的温度并没有达到它生长的需要，所以叶芽还在潜伏。那你们觉得紫藤花可以吃吗？紫藤花是可以吃的！在以前，人们会把紫藤花朵过水晾凉，然后凉拌或者裹面油炸，制作成紫萝饼、紫萝糕等风味美食。

紫藤　　王榭浩摄

（二）满树繁花、如仙似幻的泡桐树

【科属】

泡桐科泡桐属。

【形态特征】

乔木。

【趣闻乐见】

泡桐　　　　边喜英摄

初步统计，泡桐在我国有九个种和两个变种，除东北北部、内蒙古、新疆北部、西藏等地区外全国均有分布，栽培或野生，或引种。古人也十分喜爱泡桐，胡仲弓就曾在《送谢刑部使君赴召》一诗中写道："桃李竞随春脚去，仅留遗爱在桐花。"唐代的元稹和白居易，他们在互赠的诗中写道："微月照桐花，月微花漠漠。""月下何所有，一树紫桐花。"白、元两位大诗人不仅赏花赠诗，传递友谊，还开创了月下赏桐花的新情境。

还记得我年少时，家里住在一楼，院子里有棵白花泡桐树，长得很快，一年就能蹿高好几米。姹紫嫣红的春天，桃梨杏李等蔷薇科花开过后，泡桐应候绽放。泡桐花像一串串风铃挂在虬曲的枝干上，在和煦阳光里，美丽亮眼。随着春风，泡桐飘散出阵阵幽香，走在附近，禁不住嗅着鼻子使劲呼吸。泡桐花大，花蜜也多，童年时常常吸食泡桐花蜜。以前泡桐由于生长快，常用来绿化，但是活得不长久，在提倡种植长寿树种的今天，已经很少被选作园林绿化的树木了。现在能看到的泡桐基本都是老树，长在老小区、老院子或是一些无人问津的角落。而随着城市的翻新和改造升级，许多老泡桐树和老房子、老院子一起，逐渐消失在人们的视野之中。不知道再过个几年，泡桐这个曾经备受

宠爱的树种，会不会在城市里彻底消失？

（三）年年春天来这里的家燕

【科属】

雀形目燕科燕属。

【形态特征】

成鸟体长 15~19 厘米。

家燕　　童雪峰摄

【分布与习性】

燕子几乎遍布全球，繁殖于温带或高纬度地区，越冬于热带或低纬度地区。国内各省皆有记录，甚为常见。飞行技巧高超。尾部分叉，嘴下和喉部是鲜艳的栗红色，背部和头顶是有金属光泽的深蓝色，光线不好时呈黑色。在浙江一般是春夏可见。活动于各种开阔生境，特别是城市及村庄附近。

【趣闻乐见】

“小燕子，穿花衣，年年春天来这里。”相信这首歌大家都很熟悉，讲的就是燕子的迁徙习性。家燕是其中最常见的一种，每年春天从南方飞来繁殖后代，秋天又飞回南方越冬。在望远镜里，它背上的蓝黑色的金属光泽在阳光下十分漂亮，红色的额、喉与白色的腹部的对比也十分明显。

“朱雀桥边野草花，乌衣巷口夕阳斜。旧时王谢堂前燕，飞入寻常百姓家。”家燕可以说是最亲人的一种燕了。家燕边飞边捕食空中的昆虫，所以昆虫蛰伏的冬季无法捕食，不得不迁徙到别的地方。其实，它无论做什么，都是边飞边做，就连喝水，也是飞行的同时张嘴、掠过水面饮水。家燕为了适应空中生活，腿进化得非常精致小巧。因此，它们无法在地面行走，脚仅限于在树枝和电线杆上休息以及停在巢里的时候使用。另外，它们还喜欢夜间聚集在一起休息。家燕的巢通常筑在人们的屋檐下或者墙壁上，是用唾液混合泥土和枯草做成的碗状巢。家燕选择人类居所作为繁殖场所，是因为可以将人类当作保镖，以躲避鹰等天敌。

三、户外观察——“五感”观察之嗅觉

我们周边的很多东西都是有味道的，如果只用“香”与“臭”两个极端来形容味道，那可是太少了。人类通过嗅觉所闻到的味道其实是千变万化的，而且气味可以像文字和图片一样储存在我们的记忆里。我们一闻到某些气味，气味的主人就会自然而然地出现在我们的脑海里。例如，厨房常用的大蒜、八角，这些气味从童年起就存在于我们的嗅觉数据库中，每一种都散发出特定的味道，无法替代，甚至想起某些味道，身体往往马上有反应。这种反应与切身经历有直接联系。

我记得小时候课文中讲到“望梅止渴”，老师说梅子酸，战士们想到吃梅子就会流涎，因而止渴。我当时因没有品尝过酸的梅子，自己在读课文时并没有流口水，只是知道了这个知识。直至后来，我自己品尝过青梅之后，每次想起青梅，才会有口水溢满口腔。真的是“纸上得来终觉浅，绝知此事要躬行”啊。

嗅觉体验——香气品鉴师

找一些味道独特的事物，请你给它们的香度做个测评。先在你的秘密花园里找几个有味道的实物，可以是洁白的玉兰花、揉碎的香樟叶子，或

是树皮、昆虫也可，当然，如果是你自然朋友身上的最好。

两人一组，一人用眼罩蒙上眼睛，另一人拿出有气味的花、叶子让他闻，但不让他知道是何物。请他写下或说出所闻到的味道；如果说不出来，就反复地闻，或者给点儿提示，也许他说不出闻到的植物名称，但名称不重要。闻过之后，取下眼罩，请他再仔细观察眼前的物品，匹配所闻的物品。然后再公布答案，这样可以增强嗅觉的记忆。

我经常和参与活动的公众、家长讲，如果做酒水或香水品鉴师，童年时在大自然里体味过各种味道，那他的鉴赏能力就会很强。嗅觉是可以随着经验而累积的。我们可以从生活周遭的植物与花朵散发的味道开始认识，并试着辨认不同的生物散发的气味，慢慢地发展到大环境的味道，如海水、草坪、森林、草地、雨的味道等，甚至进一步闻到空气里散发出春天的味道、秋天的味道。闭上你的双眼，使用你的嗅觉感官，用心去感受自然的“原味”。

四、清明习俗

清明祭扫。扫墓，谓之对祖先的“思时之敬”。其习俗由来已久。一般观点多认为，清明扫墓的习俗是承袭寒食节的传统。寒食节是每年冬至后的第 105 天，恰在清明的前一天。旧时民间每逢寒食节，家家户户不生火煮饭，只吃冷食。第二天是清明，人们上坟烧纸，修墓添土，以表示对亡者的怀念。

扫墓　　丁页手绘

游园踏青。又叫春游，古时叫探春、寻春等。清明时节，春回大地，自然界到处呈现一派生机勃勃的景象，正是郊游的大好时光。中国民间长期保持着清明踏青的习惯。

游园踏青　　丁页手绘

关于介子推的传说

相传春秋时期，晋公子重耳为逃避迫害而流亡国外。流亡途中，在一处渺无人烟的地方，又累又饿，再也无力站起来。随臣找了半天也找不到一点吃的。正在大家万分焦急的时候，随臣介子推走到僻静处，从自己的大腿上割下了一块肉，煮了一碗肉汤让公子喝了，重耳渐渐恢复了精神。当重耳发现肉是介子推从自己腿上割下的时候，流下了眼泪。

十九年后，重耳做了国君，也就是历史上的晋文公。即位后，文公重重赏了当初伴随他流亡的功臣，唯独忘了介子推。很多人为介子推鸣不平，劝他面君讨赏，然而介子推最鄙视那些争功讨赏的人。他打好行装，同母亲悄悄地到绵山隐居去了。晋文公听说后，羞愧万分，亲自带人去请介子推，然而介子推已离家去了绵山。绵山山高路险，树木茂密，找寻两个人谈何容易。有人献计，从三面火烧绵山，逼出介子推。大火烧遍绵山，却没见介子推的身影。火熄后，人们才发现背着老母亲的介子推已坐在一棵老柳树下死了。晋文公见状，恸哭。装殓时，从树洞里发现一封血书，上写道:“割肉奉君尽丹心，但愿主公常清明。”为纪念介子推，晋文公下令将这一天定为“寒食节”。第二年，晋文公率众臣登山祭奠，发现老柳树死而复活，便赐老柳树为“清明柳”，并晓谕天下，于是又把寒食节的后一天定为“清明节”。

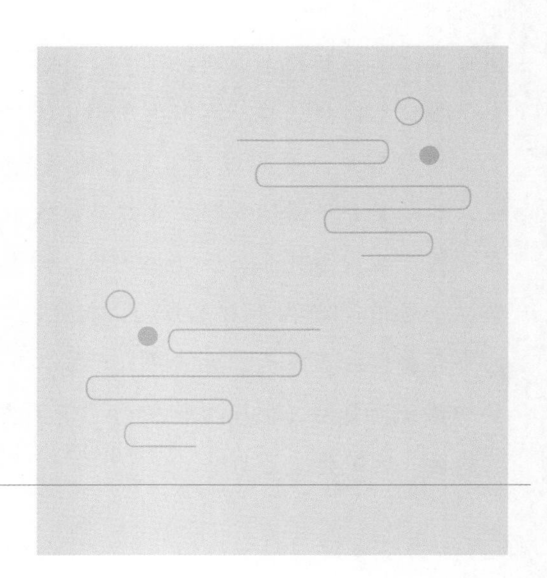

公历 4 月 19~21 日交节。

谷雨是春季中的最后一个节气。谷雨有着“雨生百谷”之意，这个时节是播种移苗、种瓜点豆的最佳时节。“清明断雪，谷雨断霜”，气象专家表示，谷雨节气的到来意味着寒潮天气基本结束，气温回升加快，大大有利于谷类农作物的生长。

一、谷雨三候

一候萍始生。这里的“萍”指的是浮萍，意思是说谷雨后降水量在增加，温度也在上升，于是浮萍开始了生长。

二候鸣鸠拂其羽。“鸣鸠”在这里是指布谷鸟，“拂”是振动。布谷鸟振翅飞翔，发出“布谷、布谷”的叫声，提醒大家播种的时节到了。

三候戴胜降于桑。人们可以看到戴胜鸟落在桑树上。戴胜鸟外形极其独特，头顶五彩羽毛，小嘴细窄尖长，羽纹错落有致。戴胜鸟有着机警耿直的禀性、忠贞不渝的习性，使得它自古以来就成为宗教和传说中的象征物之一。在中国，戴胜鸟象征着祥和、美满、快乐。

二、城市物种

（一）热闹喧嚣、纯真无邪的锦绣杜鹃

【科属】

杜鹃花科杜鹃花属。

【形态特征】

灌木。

【趣闻乐见】

杜鹃适宜成片栽植。花量非常大，待花开时节，万紫千红，常常让人觉得绚丽夺目、热闹喧嚣。据说喜欢杜鹃花的人都非常地天真无邪，如果他们可以看见漫山的杜鹃花，就代表爱神降临。表面上看来，锦绣杜鹃的花冠呈漏斗形，花有五片，“花瓣”深裂。仔细观察，你会发现它的花冠在下端还是相连的。锦绣杜鹃最上方的“花瓣”上，有大量深色的斑点，十分好认。锦绣杜鹃因枝条及叶片上毛被较多，也称“毛杜鹃”。

锦绣杜鹃　　边喜英摄

（二）挂满紫色小风铃的楝树

【科属】

楝科楝属。

【形态特征】

落叶乔木。

【趣闻乐见】

楝树花　　边喜英摄

楝树高可达 10 米；树皮灰褐色，分枝广展。叶子互生，小叶卵形、椭圆形至披针形。圆锥花序约与叶等长，花芳香，花淡紫色。果实椭圆形，褐色。4~5 月开花，10~12 月结果。

分布于中国黄河以南各省区，生于低海拔旷野、路旁或疏林中，已广泛引为栽培。该种是药用植物，其花、叶、果实、根皮均可入药。此外，果核仁油可供制润滑油和肥皂等。

（三）可爱呆萌的“张飞鸟”——白鹡鸰

【科属】

鹡鸰（jílíng）科鹡鸰属。

【形态特征】

成鸟体长 17~20 厘米。

白鹡鸰　　童雪峰摄

【分布与习性】

常见鸟类之一。全身黑白相间，胸口有一块黑色类似于心形的斑块。走动时尾部一颠一颠，飞行时呈波浪形。鸣叫声类似“及零”，该鸟名即来源于其鸣叫声。部分城市中不太容易见到的亚种有黑色过眼线。国外繁殖于欧亚大陆及北非、东亚，南迁至东南亚越冬。国内 Lencopsis 亚种为留鸟，广布全国大部分地区；Personata 亚种繁殖于西北地区；知名亚种见于西部（新疆、宁夏等），迁徙时于北京和江苏有记录；Baicalensis 亚种繁殖于东北，越冬至华南；Lugens 亚种迁徙、越冬于东部沿海；Ocularis 亚种繁殖于远东，迁徙经过东部，越冬于华南；Alboides 亚种繁殖于四川、云南、西藏东南部的山区。活动生境多样，常栖息于近水的开阔地带、稻田、溪流边及人类村落或城镇。

【趣闻乐见】

白鹡鸰属于雀形目鹡鸰科（Motacillidae）。提到雀形目，大家的第一印象就是众多在树上蹦来蹦去的小雀，比如山雀、柳莺之类，或者既能在树上蹦来蹦去又能在地上蹦来蹦去的小雀，比如麻雀。然而，白鹡鸰以及鹡鸰科的大多数种类却是个异数——它喜欢在地上活动，极少上树，而且它前进的方式是“走”，而不是“蹦”，且尾巴不停地上下晃动。观察白鹡鸰走路，可以清楚地看到它的两条小腿快速地走来走去，一会儿快速前进，一会儿慢慢溜达，还会时不时地停下来抓个虫子吃。这是一种由黑白两种颜色组成的可爱的小鸟，体形修长，飞行路线呈波浪式前进，并不断发出“叽叽、叽叽”的叫声。它一般很喜欢在水边的陆地上活动，寻找昆虫食用。

鲁迅先生在《从百草园到三味书屋》中提到的白颊“张飞鸟”就指的是白鹡鸰。它有漂亮的外貌和轻盈的形态，虽然它在野外见到人时，只要人离得不是太近，也不会惊慌。可是等关在笼子里，就是另一副模样了。就像鲁迅先生写的那样，“性子很躁，养不过夜的”。而且它以昆虫为主食，为它提供稳定的食物来源也让人挠头。因此，大家还是在大自然中欣赏它的风采吧，保护自然，也是保护人类自己。

三、户外观察——“五感”观察之味觉

每次组织自然体验活动时常被人问：“这可不可以吃？”我常常回答：“神农氏尝遍百草，死前说的最后一句话是什么？”答案是“啊，有毒！”好吃的食物都在水果店和菜场，聪明的人儿培育出来的哦。

食品里的酸、甜、苦、辣、咸都源自大自然。吃是所有生物维持生命的方法，但在进行自然观察时，味觉只是观察的方法之一，没有把握的东西绝对不要放到嘴巴里。

味觉体验

我们常说“五味杂陈”。酸、甜、苦、辣、咸这五味通过舌头的味蕾刺激味觉神经，以不同的排列组合而变化无穷，也让人沉溺于吃的乐趣。请你回想一下记忆里的五味和对应的蔬果食物，如果五味还不太够用，加上涩味和甘味。

味觉体验记录表

味觉	代表食物
酸	
甜	
苦	
辣	
咸	
涩	
甘	

四、谷雨习俗

食香椿。“雨前香椿嫩如丝。”谷雨前后是香椿上市的时节，这时的香椿醇香爽口，营养价值高，有提高机体免疫力、健胃理气、消炎杀虫等功效。“到处有之，嗜者尤众。”香椿的食用历史已逾千年，汉代即已遍布大江南北，从达官贵人到民夫走卒均可享用。

食香椿　　丁页手绘

饮茶。谷雨茶也就是雨前茶，是谷雨时节采制的春茶，又叫二春茶。传说谷雨这天的茶喝了能清火、辟邪、明目等，所以南方有谷雨摘茶习俗。谷雨这天，不管是什么天气，人们都会去茶山摘一些新茶回来喝，以祈求健康。

饮茶　　丁页手绘

祭祀文祖仓颉。据《淮南子》记载，“昔者仓颉作书，而天雨粟，鬼夜哭”。传说中仓颉创造文字，功盖天地，黄帝为之感动，以“天降谷子雨”作为其造字的酬劳，从此便有了“谷雨”节。在战国之后的典籍里，仓颉逐渐被古人传说为黄帝的“史官”，因此，在传说中仓颉的家乡，也就是陕西省关中白水县史官镇一带，每逢谷雨这一天都会举行拜仓颉的庙会，这一习俗自汉代便流传下来。

祭祀文祖——仓颉　　丁页手绘

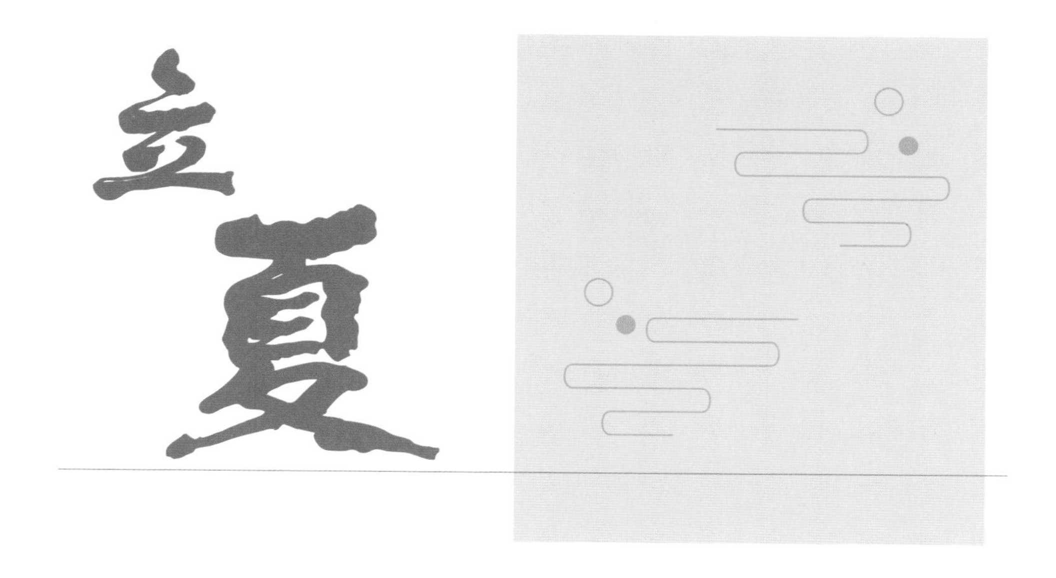

公立 5 月 5~7 日交节。

立夏，预示季节的转换，标志着夏季的开始。立夏节气在战国末年就已经确立了。古书有云：“斗指东南，维为立夏，万物至此皆长大，故名立夏也。”《月令七十二候集解》中解释说：“立，建始也。”“夏，假也，物至此时皆假大也。”这里的“假”，即“大”的意思，意思是说春天发芽生长的植物到此时已经长大了。立夏时节气温明显升高，雷雨天气增多，农作物生长进入旺季。

一、立夏三候

一候蝼蝈鸣。立夏第一候，蝼蝈开始鸣叫。初夏时节，蛙类开始在田间池畔鸣叫、觅食。蝼蝈适宜温暖潮湿的环境，随着蝼蝈的鸣叫，夏天的味道浓了。

二候蚯蚓出。立夏第二候，蚯蚓钻出地面。此时地下温度持续升高，阳气极盛的时候，蚯蚓掘土出来凑热闹。

三候王瓜生。立夏第三候，王瓜渐渐成熟。王瓜是华北特产的药用爬藤植物，在立夏时节快速攀爬生长，于六七月结红色的果实。

二、城市物种

（一）蔷薇

【科属】

蔷薇科蔷薇属。

【形态特征】

灌木或草本。

【趣闻乐见】

藤本月季　　边喜英摄

我们在市面上没少见到鲜切玫瑰花，但回头看到盆栽月季，难免会有些犯难，不论是从颜色、外观还是气味上都并不是很容易将其二者区分开来。它俩还有一个亲戚——蔷薇。月季、玫瑰和蔷薇这三者同是蔷薇科蔷薇属的植物，怎么说呢，就是可以简单理解为，这三者是堂兄弟的关系，他们的亲缘关系很近。在英文中，月季、玫瑰、蔷薇都是用Rose来表示，而在我们国家，三者还有明显的区别。

月季的叶子比较薄且舒展，正反两面基本上都没有绒毛。叶柄较短，细小。大多数品种的叶色较浅，为浅绿色甚至黄绿色，少数品种的叶色较深，为深绿色。花儿为顶生，有的品种单朵开放，有的品种数朵簇生在一起开放。花儿有多种颜色，比较常见的花色有粉红色、橙色、白色、红色等。花儿也有不同的花型，主要可以分为单瓣型和重瓣型两类。

七姊妹蔷薇　　陈丹维摄

玫瑰的叶片不舒展，叶面背面发白有小刺。开花时间短，玫瑰花果实成熟后萼片宿存。蔷薇和玫瑰花五六月开花；月季的花期是很长的，并且有可能一年开花多次。蔷薇的叶片有绒毛，叶片背面有毛刺。

（二）白狐尾巴花——七叶树

【科属】

七叶树科七叶树属。

【形态特征】

落叶乔木。

【趣闻乐见】

七叶树为树皮粗糙的高大乔木，虽然叫七叶树，但它的叶子不一定是七片。大家以后见到植物名字中带数字的，不要太较真，只是代表数量比较多。例如，八角金盘的叶子不一定是八个角，七叶一枝花也不一定是七片叶子。七叶树的叶子是掌状复叶，

七叶树　　边喜英摄

小叶有 5~7 枚，像手掌一样的才算是一片叶子。

七叶树的花序有 20 多厘米长，算是比较大型的花序。开花的时候会看见树冠上立着一根根白色的圆柱状花序，像动物的尾巴，也有点像长条形的塔，直立在空中，非常醒目。它的种子颜色是栗褐色，看上去和板栗非常像。所以它有个俗名叫“猴板栗”。但是可不要因为它叫猴板栗就拿它当板栗吃，它是有毒的。七叶树的叶子是掌状的，花序似宝塔状，有手掌托塔的意思在里面，因此，在许多古刹名寺里面常常会有七叶树。

七叶树树叶　边喜英摄

七叶树花序　边喜英摄

（三）让别人带宝宝的杜鹃

【科属】

鹃形目杜鹃科。

【形态特征】

成鸟体长约 33 厘米。

杜鹃 童海峰摄

【分布与习性】

繁殖于整个欧亚大陆，越冬至非洲和东南亚。我国大陆地区见于除极高海拔和沙漠外的大部分地区，为夏候鸟；台湾地区为旅鸟。栖息于森林、林缘、灌木丛、荒地和湿地，常出现在开阔生境。主要取食昆虫。巢寄生，在多种雀形目鸟类巢中产卵。

【趣闻乐见】

关于杜鹃寄生行为的进化有三种解释：一是，大部分的食虫晚成鸟都是夫妻生活，共同筑巢育雏；而杜鹃却是杂配，交配后雌雄即分离，雄鸟不负养育之责，雌鸟自身又负担不了，只能如此行事。二是，分散于多个巢中产卵，避免一巢多卵在遇到危险时的毁灭性灾难，提高雏鸟的成活率。三是，减少孵化后代的能量消耗，使亲鸟更好地生存和繁殖。

有人认为，虽然代人孵卵而牺牲自己的子女，对宿主造成了损失，但这种牺牲对种群发展而言是微不足道的。被杜鹃寄生的鸟类都是当地的优势种或常见种，与杜鹃共同生活于同一地区。杜鹃在繁殖期间故意大声鸣叫，因为这样可以把周围及远处的天敌都诱离众鸟的繁殖区，而杜鹃借用自身单调灰褐色的羽毛作为掩护，使天敌很难找到它。它的鸣叫是为了迎来天敌而保护众鸟繁殖，而杜鹃宿主鸟种群从中获得了足够的好处。这种“鸟类共生”说法是否合理，还有待鸟类学家进一步验证探索。其实，寄生并非杜鹃的“专利”，许多鸟类都有这样的行为，如在椋鸟属中可达 5%~46%，在不同的鸭子中，寄生可超过50%。

关于杜鹃啼血的传说，可以追溯到春秋时期。传说古蜀国有国君名杜宇，又称望帝，被臣子逼位，逃至山中，死后忧愤，化而为鸟，名为杜鹃鸟，终日悲啼，以至于嘴角流血，血流到花上，就是杜鹃花。蜀人听见鸟叫声，怀念起故国君王，于是称其鸟为“杜鹃”，或者称杜鹃为“杜宇”。其实，杜鹃鸟就是布谷鸟，又因其声“布谷”，像“胡不归”（为什么不归），又成了思乡思家的一个象征。因为它的鸣声，杜鹃有了“子规”“催归”的雅号。

三、户外观察——“五感”观察之触觉

触觉是人类与生俱来的感觉。出生不久的婴儿，就已经开始用触摸的方式来探索世界。小时候写作文，我们会用很多形容词，像粗粗的、滑滑的、软软的、细细的、毛毛的……这些形容词都是用来形容触觉的。人的指尖有非常密集的神经，因此手部的触觉十分发达，而手指表面的指纹还进一步加强了手的敏感度，失明的人还可以用手指来读点字。但因为平时我们太习惯用视觉，用“看”的方式来了解一切事物，所以触觉常常就被遗忘了。

如果能善用触觉“阅读”大自然的信息，会有很多不一样的感受。

触觉体验

在你的秘密花园里，邀约你的朋友采集相应的自然物，一起完成下面这张BINGO任务单，将自然物放入相应的格子内。

《自然里的触觉》BINGO任务单

soft（软软的）	dry（干燥的）	rough（粗糙的）

续表

hard（硬硬的）	hairy（毛茸茸的）	cool（凉凉的）
wet（潮湿的）	slippery（滑滑的）	rigid（僵硬的）

四、立夏习俗

迎夏。立夏的“夏”是“大”的意思，是指春天播种的植物已经直立长大。在古代，人们非常重视立夏节气。据说，每逢立夏这一天，帝王都要率文武百官到京城南郊，举行迎夏仪式。因为夏季在金木水火土五行中对应为火，颜色为红色。所以君臣在立夏这天都要穿朱色礼服，配朱色玉佩，连马匹、马车都要求是朱红色的。

称人。古时立夏日还有称人的习俗。人们在村口或台门里挂起一杆大木秤，秤钩悬一个凳子，大家轮流坐到凳子上面称体重。掌秤人一面打秤，一面对所称的人讲着祝福长寿、结良缘、考取功名等吉利话。

称人　　丁页手绘

民间相传，立夏称人与孟获和刘阿斗的故事有关。据说孟获归顺蜀国之后，遵从诸葛亮的临终嘱托，每年去看望蜀主一次。诸葛亮嘱托之日，正好是立夏，孟获当即去拜阿斗，从此成俗。即使后来晋武帝司马炎灭掉蜀国掳走阿斗，孟获仍不忘丞相嘱托，每年立夏带兵去洛阳看望阿斗，每次去都要称阿斗的体重，以验证阿斗是否被亏待，并扬言如果亏待阿斗，就要起兵反晋。阿斗虽然没有什么本领，但有孟获立夏称人之举，晋武帝也不敢欺侮他，日子也过得清静安乐，福寿双全。这一传说，虽与史实有异，但百姓希望的即是“清静安乐，福寿双全”的太平世界。称人为阿斗带来了福气，人们也祈求上苍给他们带来好运。

斗蛋。民间立夏有吃蛋、挂蛋的习俗。相传，从立夏这一天起，天气渐渐炎热起来，许多人特别是小孩子会有身体疲劳、四肢无力的感觉，食欲减退，逐渐消瘦。人们向女娲娘娘求助，女娲娘娘告诉百姓，每年立夏这天，小孩子的胸前挂上煮熟的鸡鸭鹅蛋，就可以免除病灾。因此，这个习俗一直延续到现在，并演变出“斗蛋”的游戏。人们将煮好的“立夏蛋”放入用彩线编织的蛋套中，挂在孩子胸前，孩子互相撞击，蛋壳坚而不碎的获胜。

斗蛋　　丁页手绘

公历 5 月 20~22 日交节。

小满是二十四节气中的第八个节气，夏季的第二个节气。小满是指夏熟作物的籽粒开始灌浆饱满，但还未成熟，只是小满，还未大满。气候开始变暖，温度逐步攀升。

一、小满三候

一候苦秀菜。小满时麦子将熟，但仍青黄不接，旧社会的百姓们在这个时候往往以野菜充饥。苦菜是中国人最早食用的野菜之一。此时的苦菜茎叶已经长大，可供百姓采食。

二候靡草死。一些喜阴的枝条细软的草类在强烈的阳光下开始枯死。东汉郑玄曾解释，靡草指荠、葶苈（tínglì）之类枝叶细的草，入夏畏于阳气，便枯死了。小满节气，全国各地开始步入夏天，而“靡草死”正是小满节气阳气日盛的标志。

三候原为小暑至，后《金史志》改麦秋至。虽然时间还是夏季，但对麦子来说，却到了成熟的“秋”。

二、城市物种

（一）自有蓬蓬裙的石榴

【科属】

石榴科石榴属。

【形态特征】

落叶乔木。

【趣闻乐见】

石榴花　　边喜英摄

五月里颜色最红的就是石榴花了。“榴花红似火，火红似朱砂。”朱砂色有驱邪吉祥之色称，故民间有“榴花攘瘟剪五毒”之说。中国民间常挂钟馗神像辟邪除灾，耳边往往都插着一朵艳红的石榴花。中国人从古至今都喜欢红色，认为红色是吉祥、喜气的象征，古往今来女子出嫁，都是身着红色嫁衣，正取自石榴花的颜色。

石榴花的造型非常特别。花的基部有着一个呈圆筒状或者钟形的花托。石榴花通常会微微下垂，倒置的花形看起来就像是穿着纱裙的曼妙女子。石榴的花形极像女人的裙裾，“拜倒在石榴裙下”比喻男子对女子的倾心和迷恋。这句俗语的产生，与唐明皇李隆基和杨贵妃杨玉环有关。杨贵妃肤色白皙，偏爱穿着石榴裙，身姿更添风韵。有一次唐明皇举行宴会，酒过三巡之后来了兴致，想让杨贵妃为自己献舞。参加宴会的有不少大臣，他们从来没有见过杨贵妃的舞姿，都兴致盎然地盯着杨贵妃。杨贵妃心生不悦，于是告诉唐明皇，说这些大臣不尊敬自己，自己不愿意跳舞。唐明皇最宠杨贵妃，不愿意让她受一点儿委屈。于是他颁布旨意，下令文武百官向杨贵妃跪拜行礼。大臣们私下都以“拜倒在石榴裙下”之言解嘲。后来这句话便渐渐地从宫廷传到民间，表示男子对女子的倾心和迷恋。

石榴的果实有“多籽”的特点。古代皇宫里喜欢种植石榴，象征着多子多福、繁荣昌盛。在我国一些地区的婚俗习惯中，也有订婚下聘或迎娶送嫁时互赠石榴的风俗，或将石榴绘入吉祥图案。民间常以石榴为材剪纸贴在花窗上，称作“榴开百子”，以求“多子多福”之意。

（二）心香满树自妖娆的夹竹桃

【科属】

夹竹桃科夹竹桃属。

【形态特征】

常绿直立大灌木。

【趣闻乐见】

记得小学的语文课文中，有一篇季羡林先生写的《夹竹桃》。描写万紫千红、五彩缤纷的花季里，夹竹桃花期之长，韧性可贵，花影迷离的动人景象，表达作者对夹竹桃的喜爱之情。

夹竹桃叶片如柳似竹，花朵胜似桃花，再加之散发的淡淡幽香，煞是惹人喜爱。夹竹桃生长速度快，花期也很长，能从 5 月一直盛开到 11 月，是用来做观赏花卉的极佳选择。

要提醒的是，夹竹桃虽然长得美丽，但其全身上下都有毒，所以最好远观。据了解，夹竹桃的叶、皮、根、花粉均有毒，分泌出的乳白色汁液中含有夹竹桃苷（剧毒）。中毒后轻则出现食欲不振、恶心、腹泻的症状，严重的会危害心脏乃至死亡。但一般来说，只要不把它们的茎叶折断，不触碰里面的汁液，或者不去食用，还是安全的。

有没有很奇怪，既然夹竹桃有毒，为啥城市里还会种植？夹竹桃作为一种常用的园林树种，具有很强的抗风沙能力，在吸收汽车尾气、抗烟雾、抗灰尘、抗毒物方面作用显著，对净化空气有着显著效果，号称“环保卫士”或“绿色吸尘器”。

夹竹桃花　边喜英摄

夹竹桃花　边喜英摄

（三）上夜班的捕蚊鸟——普通夜鹰

【科属】

夜鹰目夜鹰科夜鹰属。

【形态特征】

成鸟体长 25~27 厘米。

普通夜鹰　童雪峰摄

【分布与习性】

东亚地区为夏候鸟，南亚和东南亚越冬或为留鸟。国内 Jotaka 亚种见于东部大部分地区，迁徙时见于台湾和海南；Hazarae 亚种见于喜马拉雅山一带。栖息于海拔 3000 米以下的开阔的林地和灌丛。停栖在树上时整个身体趴在树干上，很容易被误认为是一段树干，隐蔽性极强，只有睁眼时才会暴露。通常单独或成对活动，夜行性。飞行快速而无声，常鼓翼后伴随一段滑翔。捕食各种昆虫。

【趣闻乐见】

在夜行性鸟类中，夜鹰是“上夜班”较早的鸟类。太阳一落山，它就开始了捕食战斗，因为它能在夜间视物。嘴宽而两侧生有成排的长须，口腔巨大，张开口如同簸箕，专爱吃飞虫，所以往往采用的是“网捕法”。即一边飞行，一边兜食飞虫。凡是它飞过的地方，夜间活动的飞虫如蚊类、蛾类、虻类等，无一幸免。有人曾解剖一只夜鹰的胃，发现里面有 500 多只蚊虫。

古人将其说成是吐蚊鸟。如晋代郭璞《尔雅注疏》载：“今江东呼为蚊母。俗说此鸟常吐蚊，故以名云。”唐代李肇《唐国史补》载：“江东有蚊母鸟，亦谓之吐蚊鸟。夏则夜鸣，吐蚊于丛苇间，湖州尤甚。”明代李时珍《本草纲目》引唐人陈藏器的话：“此鸟大如鸡，黑色。生南方池泽茹芦中，江东亦多。其声如人呕吐，每吐出蚊一二升。”这真是“原告变成了被告”，颠倒了黑白。

夜鹰具有高超的飞行技巧，两翅常缓慢地鼓动，也能突然曲折地绕着飞虫长时间地滑翔。羽毛松软，飞行时无响声，很难被敌害所觉察。尤其善于根据蚊虫分布的密度，低空忽高、忽低、忽左、忽右地盘旋，甚至贴着地面追赶蚊虫，一口兜到几只乃至几十只蚊虫。而蚊虫最猖獗的时间是在夏天黄昏后的两三个小时内，此时夜鹰处于饥饿状态，也正是捕食蚊虫最高效的时机。鸡报晓，夜鹰才开始睡觉。它有时伏在上一年落满了枯枝败叶的草地上，有时伏在与它羽色相仿的乱石堆中；更多的时候则是身子平贴在树枝上，长时间一动也不动，远看好像枯树疤。夜鹰选择这种与体羽颜色类似的环境栖息，是一种保护性适应，有利于隐藏自己而躲避敌害。但是在求偶期间，夜鹰则彻夜鸣叫不停，酷似机关枪的“嗒、嗒、嗒”声，很远就听得见，被称为“夜的嘈杂者”。

三、户外观察——“五感”观察之听觉

在大自然里，生物是靠着各种各样的声音来传递信息的，所以学会听生物的声音是做自然观察时的重要功课。

提起记忆中自然里的声音，很多人最先想到的是鸟叫声。各种各样的鸟儿，鸣叫的频率、节奏和声调各有不同，鸣叫的目的也不同。像人类说话一样，鸟的鸣叫有时是为了呼朋引伴，有时是为了宣告领域，也有时是为了求偶。俗话说“耳熟能详”，听多了也许就能听出一些端倪！

常常有很多人觉得要记住动物的叫声好难，建议大家可以用拟声词来记忆，或者用拟人化的记忆法。例如，黑短脚鹎的“喵儿”，杜鹃的“布谷布谷，快快播谷”，强脚树莺的“你~好吗，你~走了”，弹琴蛙的“给，给”等。当你打开听觉时，会感受到自然更多的美妙。

听觉体验

邀约几位伙伴，每人拿一张A4的纸张，在你的秘密花园里找一个可以坐的地方，选一个舒服的姿势坐下来。把纸的内圈当作秘密花园的范围，自己处在秘密花园的位置在纸上做一个记号，代表你的位置。然后静下心来，倾听自然界的声音，辨别方位和距离，在纸上做记录。10分钟后与其他伙伴分享。

四、小满习俗

祭车神。祭车神是一些农村地区古老的小满习俗。传说“车神”就是白龙。人们会摆出大鱼大肉等好吃的食物作为祭品，同时准备香烛，还要特地准备白水一杯作为祭品。祭时把水洒入农田内，祈求雨水丰沛。

祭蚕。传说小满为蚕神的生日。由于南方养蚕较多，小满又是幼蚕孵出、桑叶生长的重要时间节点，人们在这时会以米粉或面粉为原料，制成形似蚕茧的小吃食一起享用，期盼蚕茧能够丰收。

祭蚕　丁页手绘

小满动三车。“小满”前后，南方民间有“动三车”的说法，同时要“祭三神”，即掌管“三车”的神灵，希望接下来的日子风调雨顺，能有好收成。“三车”指水车、油车和丝车。农耕时代，农民们此时忙着踏水车灌溉庄稼；收割下来的油菜籽等待用油车舂打；蚕也开始结茧，养蚕人摇动丝车缫丝。

小满动三车　丁页手绘

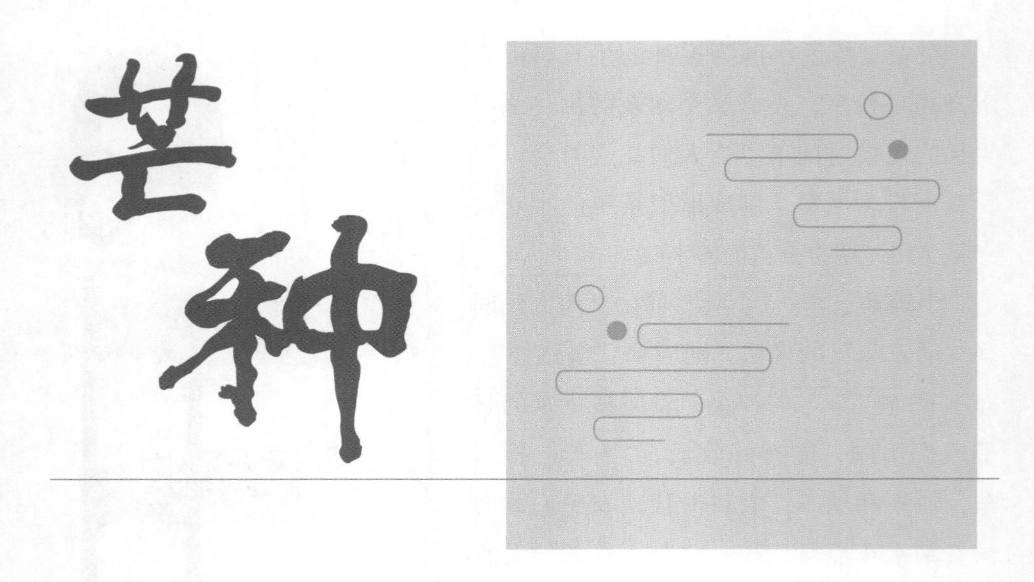

公历 6 月 5~7 日交节。

芒种是一年中最忙的时节。“芒”，指刚收上来的新麦长满细芒；“种”，指该播种秋稻了。“芒种”表明一切作物都在“忙种”。长江流域栽秧割麦两头忙，华北地区收麦种豆不让晌，农人们忙碌的田间生活就这样开始啦。

一、芒种三候

一候螳螂生。螳螂于上一年深秋产卵，到芒种时节，感受到阴气初生而破壳生出小螳螂。

二候䴗始鸣。指伯劳鸟开始在枝头出现。

三候反舌无声。反舌是一种能够学习其他鸟鸣叫的鸟，此时它却因感应到了阴气的出现而停止了鸣叫。

二、城市物种

（一）花大洁白、芳香馥郁的栀子花

【科属】

茜草科栀子属。

【形态特征】

常绿灌木。

【趣闻乐见】

未见其花，已闻其香。每一个爱花之人想必都喜欢香气醉人的花朵，喜欢闲暇时间沉醉在满屋的花香之中。栀子便是“香水花”之一。栀子花与白兰花、茉莉花并称为“夏日三白”。小时候，常有人在街头叫卖这三种白色小花。夏花之中，栀子最为馥郁者。汪曾祺先生曾言：“栀子花粗粗大大，又香得掸都掸不开，于是为文雅人不取，以为品格不高。”

栀子绿树白花，观赏价值极高。革质的叶片常年浓绿光亮，洁白的花朵清新素雅，芳香怡人，株型丰满美观，枝繁叶茂。可成片丛植或培植于林缘、庭前、庭隅、路旁。栀子有一定的耐阴和抗有毒气体的能力，故为良好的绿化、美化、香化的材料。

栀子花　　边喜英摄

（二）树上的荷花——广玉兰

【科属】

木兰科木兰属。

【形态特征】

常绿乔木。

【趣闻乐见】

广玉兰作为常绿的大乔木，叶子大而繁密，质地非常厚，叶表面的颜色是墨绿色，大多数的叶子背面有锈褐色或灰色柔毛。广玉兰的花和白玉兰一样，大而洁白，不同的是广玉兰的花在 6 月开，而且有着浓浓的绿叶。又因为广玉兰的花与荷花有着几分形似，所以又叫荷花玉兰。广玉兰的果比玉兰的果要粗壮。成熟之后也会开裂，露出红红的种子，挂在上面。

广玉兰　　边喜英摄

广玉兰果　　边喜英摄

（三）龙飞凤舞碧水间的鸳鸯

【科属】

雁形目鸭科鸳鸯属。

【形态特征】

成鸟体长 41~51 厘米。

鸳鸯　　　　童雪峰摄

【分布与习性】

分布于东亚。国内繁殖于东北、华北、西南以及台湾，迁徙时见于华中和华东大部，越冬于长江流域及其以南水域。雄鸟于夏季繁殖期具备特征极为明显的金黄色帆羽侧立于身体中后方的两侧，并具白色大块过眼眉纹，往后形成羽冠，头顶及嘴红色，脸部及两侧胸部有橙色丝状羽毛。雌鸟颜色暗淡，头顶和背部以褐色为主。繁殖期栖息在多林地的河流、湖泊、沼泽和水中。非繁殖期成群活动于清澈的河流与湖泊水域，通常不潜水，常在陆上活动。喜栖息于高大的阔叶树上，在树洞中营巢。

【趣闻乐见】

鸳鸯的英文名为“Mandarin Duck”，即“中国官鸭”，这大概是因为鸳鸯自古在我国就有分布，而且从正面看雄鸳鸯头顶就像戴着一顶端端正正的官帽，所以得名。

“鸳”是鸳鸯的雄鸟，由“兜”和“鸟”构成。“兜”在古文字中含有柔软、圆润的意思。鸳鸯的雄鸟，整体看来是圆圆的，常常把颈弯曲插进羽毛中休息，描画这个姿势，就构成了“鸳”字。“鸯”是鸳鸯的雌鸟，由“央”和“鸟”构成。“央”字表示在的脖子正中系上绳索的意思。鸳鸯的雌鸟，常用颈与雄鸟缠绕，表示它们之间的亲昵。“鸳鸯”一词，从文字构型上便使人充分感受到它们的相依相恋，以及所代表的爱意。自古以来，鸳鸯就是我国传统文化中的吉祥鸟。“鸳鸯于飞，毕之罗之。君子万年，福禄直至。鸳鸯在梁，戢其左翼。君子万年，宜其遐福……”这是我国最早的诗歌总集《诗经·小雅》中对鸳鸯的描述。晋代崔豹在《古今注》中述：“鸳鸯，水鸟，凫类也。雌雄未尝相离，人得其一，则一思而死，故曰匹鸟。”唐代元稹《有鸟二十章》诗“有鸟有鸟毛羽黄，雄者为鸳雌者鸯”。李白有“七十紫鸳鸯，双双戏庭幽”，杜甫有“合昏尚知时，鸳鸯不独宿”，孟郊有“梧桐相待老，鸳鸯会双死”，杜牧有“尽日无人看微雨，鸳鸯相对浴红衣”。卢照邻《长安古意》中的“得成比目何辞死，愿作鸳鸯不羡仙”一句，成为歌颂爱情的千古绝唱。鸳鸯经常成双成对，在水面上引颈击水，追逐嬉戏，用橘红色的嘴精心地梳理着华丽的羽毛。此情此景，很像一对共誓生死、相亲相爱的夫妻。所以，鸳鸯被视为爱情的象征，并赢得文人墨客大量动人的诗篇。

传说鸳鸯一旦配对，终身相伴。人们对成双成对的事物，总喜欢以鸳鸯名之，如鸳鸯剑、鸳鸯炉。民间装饰纹样鸳鸯、桂花和莲子分别寓意“鸳鸯贵（桂）子（籽）”“鸳鸯连（莲）子”，用来祈求夫妻双双忠贞不渝、永偕到老的幸福生活。但是近来研究发现，鸳鸯生性风流，并不从一而终。

鸳鸯的交配过程和许多游禽一样，也是在水中完成的。选择在水中完成交配是长期进化选择的结果。因水面比较安全，可以避免受到来自地面天敌的干扰。它们要把蛋宝宝产在高高的树洞里。这种寻找新居的活动在初春时节常常可以看到。水岸边高大柳树和杨树的天然树洞是鸳鸯的最爱。每当找到一个天然树洞，它们夫妻要反复查看树的高度、树洞的深度和内径、洞口的朝向等，这可是关系到宝宝们的安全的，所以它们一点儿也不敢马虎。找到一处合适的树洞非常不容易，而想要占据这个树洞更为不易。天气转暖，春意正浓，鸳鸯夫妻陆续挑好属于自己的巢洞，开始进入产卵孵化季节。雌鸳鸯开始进入树洞产卵孵化。它每天产 1 个蛋宝宝，产满 10~12 枚才开始孵化，这是为保证所有的蛋宝宝能够同时孵化出来。覆盖在蛋宝宝上的柔软蓬松的绒毛是鸳鸯从自己胸腹部拔下来的，这样既能为蛋宝宝保温又能防止损坏。孵化宝宝的时间一个月左右，漫长而艰辛。在此期间，它除了外出觅食，其他时间都在树洞中孵卵。雌鸳鸯孵卵时会翻动下层的卵，好让每个蛋宝宝都受热均匀。在经历了长达 29~30 天的孵化后，鸳鸯的小宝宝们终于陆续出壳了。鸳鸯用体温暖干宝宝们的羽毛，等小鸳鸯有了体力才会带领它们离开树洞。鸳鸯宝宝通常会在出壳后的第二天清晨离巢。雌鸟首先在洞口向外张望，看看外面是否安全。雌鸟飞落地面后，用叫声召唤宝宝从树洞中跳下来。小鸳鸯们挤在洞口，对外面的世界跃跃欲试。在鸳鸯的鼓励声中，一些大胆的鸳鸯宝宝鼓足勇气，开始从高高的树洞向下跳。鸳鸯宝宝身上蓬松的绒毛让它看起来像颗小毛球，在降落时可以增加空气阻力从而减慢下落的速度。在野外，山林里的地面上落满了枯枝落叶，厚厚的就像软垫子一样，可缓冲鸳鸯宝宝从高处跳落时的冲击力。每年的夏季来临，雌鸳鸯忙着孵化育雏时，雄鸳鸯就聚在一起，进入一年一度的换羽期。此时，雄鸳鸯的飞行能力下降，很容易受到天敌的攻击。它们往往会躲在环境僻静的地方活动。换羽时，雄鸳鸯率先脱落背上两枚特有的杏黄色帆状羽，头部冠羽也因脱落而变得斑驳。到了 9~10 月，秋风送来了凉意，完成换羽的鸳鸯父母以及当年长大的鸳鸯返回到鸳鸯大家庭中，它们开始集群，为即将进行的迁徙做准备。

三、户外观察——观察昆虫

昆虫是我们非常容易观察到的生物，仔细想一想，它们似乎无处不在！它们的身形多变，无论天上飞的、地上爬的，还是树上跳的，都是昆虫。除了各种生活形态，多样化的样貌也让人着迷。像蝴蝶拥有了美丽的翅膀图案和优雅的飞行姿态，是许多人最喜爱的昆虫。反之像蚂蚁、蚊子这类昆虫就“人人喊打”了！不过无论讨厌或喜欢，昆虫依然是到处都有的生物。

昆虫常用术语

完全变态。从卵孵出幼虫，经过化蛹再变成成虫的过程。这类虫子的幼虫和成虫的生活习性与样貌完全不同。目前已知大约 200 万种昆虫中，有将近 150 万种昆虫属于完全变态类型，比例相当高。蝴蝶、甲虫、蜜蜂、蚊子、苍蝇就是典型的完全变态的昆虫。

不完全变态。从卵孵出若虫，不需经化蛹过程，直接长大为成虫。幼虫阶段和成虫长得很像，只是翅膀尚未长成。

羽化。所有昆虫经过最后一次蜕皮转变为成虫的阶段，称为羽化。而完全变态的昆虫则是幼虫化蛹后，从蛹再变为成虫的过程。为了躲避天敌的猎捕，羽化大多在夜间至清晨发生。刚羽化出来的成虫身体潮湿柔软，十分脆弱，因此还需要一段时间的静止不动，才能开始活动。

蜕皮。就像我们从婴儿一直到青少年的发育期，身体会不断地长大和变化，衣服常常穿不下，所以必须时常更新。因此，所有昆虫在成长过程中，都会经历几次换新衣般的蜕皮过程，才能“长大成虫”。

趋光性。昆虫受到光线刺激之后，产生向光源处聚集的反射动作。

访花。昆虫飞至盛开的花朵吸取花蜜的行为，尤其指蝶类。

食草。蝶蛾在幼虫时期吃植物的行为。

高峰期。昆虫出没的时期，通常是指出没数量较多的那一段时间。

大发生。生物的种群密度数量比平常显著增多。昆虫的大发生常是因为环境条件适宜，成虫同时羽化而大量出现所引起的。

点灯。许多研究人员和昆虫采集者利用昆虫的趋光性，在森林或特定地点架起幕布，并在附近架上白光灯照在布上，强烈的灯光反射吸引昆虫来到布上停栖。

捡灯。在山区的水银路灯下，常常会有很多被光线吸引而来的昆虫，许多业余昆虫爱好者会利用晚上的路灯搜寻和观察昆虫。

摇虫。有些甲虫会因为惊吓而松开假抓在树叶上的脚，让自己滚落到落叶堆中，并作出假死的模样，有些昆虫观察者会利用这个特性，去摇动特定树木，看树上会有怎样的甲虫掉落。

寻找一个虫子，判断它是不是昆虫

有些人一看到虫子就认为是昆虫，可是许多不是昆虫的生物，名字上也有着“虫部”，像蜘蛛、蚯蚓、蜈蚣等。要确认是不是昆虫，有两大部分是观察重点。

（1）是否只有6只脚。先仔细看看是不是有6只脚，典型的昆虫只有6只脚，虽然有极少的例外，但看见6只脚，是昆虫的概率就有八九成了！

（2）具有头部、胸部、腹部的构造。所有的昆虫都是由头部、胸部、腹部三部分组成的，但因为每种昆虫身体外形有些差异，而且我们大多从昆虫的背后进行观察，外形可能被翅膀覆盖，所以你得上下左右仔细地观察。很多人以为蜘蛛是昆虫，但蜘蛛的头部和胸部相连成为“头胸部”，因此光从身体构造来看就证明它不是昆虫。

如何顺利地找到虫子呢？

首先是季节和环境。春夏两季是昆虫出没最频繁的季节，植物种类众多且环境多变的地方，如同时具有森林、溪流、草丛等多样场域的地方，观察昆虫的机会就会多不少。

其次找位置。有一个成语非常合适——“花前月下”。也就是在花朵的前面（容易看见前来采蜜的昆虫）以及叶子的下面（昆虫常常躲藏的地方），这是找到昆虫概率最高的两个位置。

最后要人多“视”众。因为昆虫不大，所以只要稍稍一不注意就会忽略它的存在。因此，外出观察昆虫时，最好能够找几个好友同行，因为人多“视”众，一双眼睛看得一定没有两双眼睛多，而且还可以互相切磋与学习！

四、芒种习俗

安苗。安苗系皖南的农事习俗活动，始于明初。每到芒种时节，种完水稻，为祈求秋天有个好收成，各地都要举行安苗祭祀活动。家家户户用新麦面蒸发包，把面捏成五谷六畜、瓜果蔬菜等形状，然后用蔬菜汁染上颜色，作为祭祀供品。

安苗　　丁页手绘

送花神。农历二月二花朝节上迎花神。芒种已近五月间，百花开始凋残、零落，民间多在芒种日举行祭祀花神仪式，饯送花神归位，同时表达对花神的感激之情，盼望来年再次相会。有的将五颜六色的丝绸带挂在花枝上，也有的将落地的花瓣重新贴在树体上，意谓它永不凋谢。

送花神　　丁页手绘

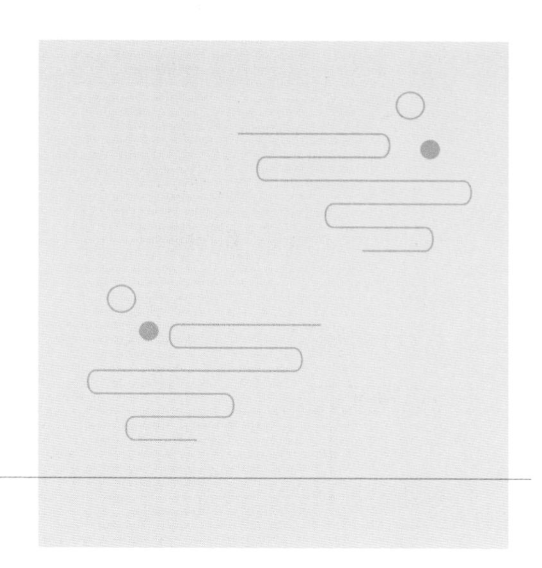

公历 6 月 21~22 日交节。

“不过夏至不热”“夏至三庚数头伏”。夏至虽表示炎热的夏天已经到来，但还不是最热的时候，夏至后的一段时间内气温仍继续升高，再过二三十天，一般是最热的天气了。

一、夏至三候

一候鹿角解。鹿的角朝前生，所以属阳。夏至阴气始生而阳气始衰，所以阳性的鹿角便开始脱落。

二候蝉始鸣。雄性的知了在夏至后因感阴气之生便鼓翼而鸣。

三候半夏生。半夏是一种喜阴的药草。在炎热的仲夏，一些喜阴的植物开始出现。

二、城市物种

（一）自带上天阶梯的绶草

【科属】

兰科绶草属。

【形态特征】

多年生草本。

【趣闻乐见】

绶草是国家二级濒危保护植物。别名：盘龙参、龙抱柱、双瑚草、一线香、兰花草。为兰科植物，世界上最小的兰花之一，被列入国家重点保护的野生植物名录。

绶草纤细而娇嫩，形态奇特，其花呈螺旋状扭转，多为紫红色，状若盘龙，又如绶带，因而得名“绶草”。肉质根与人参相似，也被称为盘龙参。开花时左一朵右一朵地开放，因此也叫扭扭兰。

绶草　　边喜英摄

绶草开花的顺序自下而上，平均一两天开一朵。我们可以看到，上部的花尚未开放，下部的花已经凋谢。这样小而密的总状花序吸引着授粉者，让授粉者访花更加地随机，还减少了自交的风险。植物的智慧不容小觑呀！如果在草坪里发现了小小的它，请不要把这个“世界之最”挪到自己的家里，它很有可能会死掉的。

（二）烟花易逝、深情难却的合欢

【科属】

豆科合欢属。

【形态特征】

落叶乔木。

【趣闻乐见】

合欢被人戏称为大型含羞草，的确它属于含羞草亚科。合欢树高大舒展，姿态优美，树冠开阔。清新雅致的羽状复叶昼开夜合，因此古时也称“合昏”。

合欢花　　边喜英摄

合欢花盛放的时节，走过树下，能闻见淡淡的清香，也许你会联想起某种护肤品的味道。合欢花，远观有朦胧之美，一团一团的粉色柔光，似天边的一抹云霞；花很娇弱，开过一日，易掉落在地，捡拾起来近看，又像是渐染的粉色小扇。因此，合欢别名又叫绒花树等。

盛花期一过，秋天来了，长长的典型的豆科荚果挂满树枝，令人多了份秋实的喜悦。

杜甫有诗云：“合昏尚知时，鸳鸯不独宿。”合昏，植物名，又名合欢。合欢因其优美的外形及美好的寓意，深受人们的喜爱，多作为城市行道树、观赏树、私人庭院树来栽种。合欢最为现代人所接受的美好寓意为“言归于好，合家欢乐”。自古以来，人们就有在宅第池旁栽种合欢树的习俗，寓意夫妻和睦，家人团结。合欢花的小叶朝展暮合，古时夫妻争吵，言归于好之后，共饮合欢花沏的茶。人们也常常将合欢花赠送给发生争吵的夫妻，或将合欢花放置在他们的枕下，祝愿他们和睦幸福，生活更加美满。朋友之间如发生误会，也可互赠合欢花，寓意消怨和好。

（三）走路不稳的游泳健将——小鸊鷉

【科属】

鸊鷉（pìtī）目鸊鷉科小鸊鷉属。

【形态特征】

成鸟体长 23~29 厘米。

小鸊鷉　　童雪峰摄

【分布与习性】

广布于欧亚大陆和非洲。国内广布，多为留鸟，北方部分地区为夏候鸟。常见的水上生活的小型鸟类。夏季时头顶黑褐色，颈部和脸栗红色，嘴末端有一块黄白色斑块；冬季几乎全身呈浅褐色，头顶和背部颜色略深。体形比较圆短，脖子短，嘴小而略尖。适应各种水体，善于潜水觅食。

【趣闻乐见】

小鸊鷉生活在离人居住不远的湖泊、水库，溪流、水塘等各种水域环境中，以小鱼、虾、昆虫为食物。生性胆怯，常隐匿于草丛间，或成群在水上游荡，极少上岸，一遇惊扰，立即潜入水中。俗名“水葫芦”，则是因为它的体形短圆，在水上浮沉宛如葫芦。

游禽的双脚大多长在其重心的胸腹部偏后的下方，唯有鸊鷉目中的鸟类，双脚长在身体的最后方，以小鸊鷉更为明显。这正如唐代陈藏器《本草拾遗》

所说的“脚连尾”。再加上它个头不大，身体圆胖，双足短小，在岸上走路时踉踉跄跄。“䴙䴘”一词，在古文中形容走路不稳的样子，于是人们就给它起名小䴙䴘。

小䴙䴘另一个显著特点是，每一个脚趾周围各有一个独立的蹼膜，脚趾张开之后形如花瓣，被著名鸟类学家郑光美称为“瓣蹼”。当它的双脚前后划动时，其作用如双桨，亦可把握行进中的速度和方向，快慢停转，行动自如。再加上小䴙䴘羽毛致密，不沾水，身体呈长圆形，翅膀短小，几乎没有尾羽，游泳和潜水就没有多大的阻力，使之速度更快更省力。

每年 5 月，小䴙䴘开始繁殖。它的巢很特别，不在固定地点，而是随波逐流，飘荡在水上。巢建好后，产 4~5 枚卵，由两只亲鸟轮流孵化。经过 20 多天的孵化，幼鸟便出壳了。幼鸟属于早成鸟，刚出壳就可以跃入水中跟在爸爸妈妈的后面游弋。

三、户外观察——观察昆虫

昆虫有肉食性的，也有植食性的，还有腐食性和杂食性的，因为不同的食物所需要使用的“餐具”也不同，因此它们的嘴巴，也就是“口器”，有着许多种不同的形式。

（1）咀嚼式口器。这是昆虫最常见的一种口器，构造就像我们人类的嘴巴一样可以咬住食物并加以咀嚼，甲虫、蝗虫、蚯蚓、蚂蚁都是咀嚼式口器。

（2）虹吸式口器。蝴蝶和蛾都是虹吸式口器的代表。这种口器就像是高科技的空中加油管，不使用的时候会卷曲收起，使用时就伸长管子到花朵上去吸取花蜜，仔细看还真的跟飞机在空中加油一样呢！

（3）舔吸式口器。先用唾液把食物溶解，再舔吸，这看似恐怖片情节的吃东西的方式，是蝇类常用的。

（4）刺吸式口器。刺吸式口器就像我们喝养乐多时用的那种有尖角的吸管，它可以让昆虫穿刺昆虫的皮肤或植物的组织，以吸取汁液，蚊子、蝉、棒象都是这类口器的代表。

（5）咀吸式口器。同时拥有咀嚼和舔吸两种功能的口器，蜜蜂的口器就是这一类型的。

寻觅一只昆虫，判断它的种类

昆虫的种类众多，除了常见物种，要一眼就看出它是哪一类哪一种，实在不太容易，建议大家依循线索，一样一样地观察与记录，这样就能辨认出物种。

体形大小：先确认它们的体形大小，可以用硬币当比例尺。

外形特征与斑纹：观察昆虫的外形特征，越仔细越好。全身各部位的颜色都要仔细观察，也要注意是不是带有斑纹或色块，并记住在什么位置。

叫声：不一定所有昆虫都会叫，但如果有叫声，我们就比较容易判断种类。

翅膀构造与飞行的方式：不同的昆虫有不同的翅膀构造，飞行方式也不同。

移动的模样：观察它移动时是爬行还是跳跃。

栖息环境：特别留意是在什么样的环境中发现的。

觅食的食物：观察它们吃些什么。

只要你搜罗到以上观察线索中的其中几项，比对图鉴或网络资料，甚至请教有经验的朋友，相信很容易就可以找到你要的昆虫答案！

四、夏至习俗

“冬至饺子夏至面”，自古以来，夏至当天各地普遍要吃凉面条，俗称“过水面”。相传从周朝开始，夏至祭神的仪式中会将刚收获的新麦作为祭祀贡品。祭祀仪式完毕后，人们就将祭祀过的新麦做成面条食用，在尝新的同时，也有获得神灵庇佑的寓意。

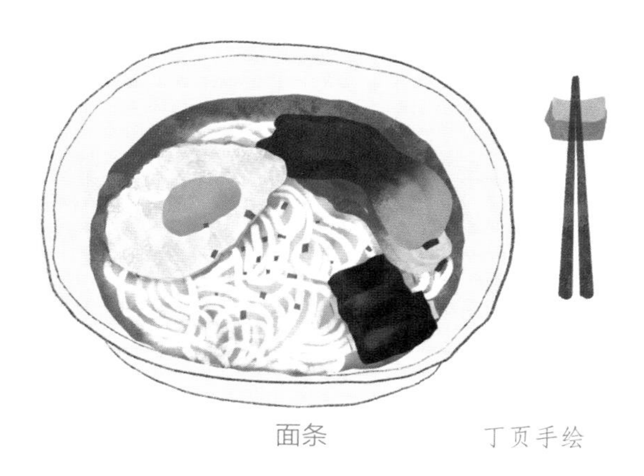

面条　　丁页手绘

“夏至吃馄饨，热天不疰夏。”夏至吃馄饨包含一种祈求平安度夏的良好愿望。

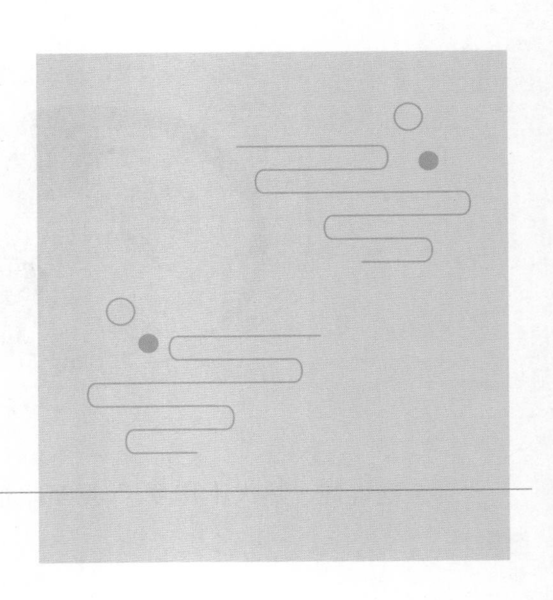

小暑

扇子　　丁页手绘

公历 7 月 6~8 日交节。

暑表示炎热的意思，小暑为小热，还不十分热，这时江淮流域梅雨即将结束，盛夏开始气温升高并进入伏旱期。

一、小暑三候

一候温风至。“温风”是热风的意思。到了小暑，这时的风不再有凉意，四周都开始弥漫着温热的风，天气也渐渐湿热了起来。

二候蟋蟀居宇。由于炎热，蟋蟀离开田野，到庭院的墙脚下以避暑热。

三候鹰始鸷。由于地面温度太高，幼鹰由老鹰带领，从鸟巢中飞出来，在清凉的高空中翱翔，希望可以在恶劣气候到来之前，学会搏击等生存本领。

二、城市物种

（一）千丝万缕吐相思的金丝桃

【科属】

金丝桃科金丝桃属。

【形态特征】

灌木。

【趣闻乐见】

金丝桃，听着名字好像很好吃的样子，然而它却不是我们所能吃的“桃”。其名为桃，是因为其花形似桃花，加之花蕊如金丝，数量繁多，有着若桃花状的金黄色花朵而得名。金丝桃开花时总是成片开放，亮得耀眼，黄得灿烂。仔细观察可以看到，每朵花有五束雄蕊，一束大约有30根呈束状向上，一朵花约有150根花蕊——这种类型的雄蕊在植物学上称为“多体雄蕊”。每一朵金丝桃，雄蕊不仅多且长，几乎与花瓣等长，显眼异常，金黄色的花丝尾端稍稍内收，呈放射性分布，宛如一束炸开的烟花。

金丝桃花　　边喜英摄

金丝桃叶　　边喜英摄

（二）中国凤凰的休息树——梧桐

【科属】

锦葵科梧桐属。

【形态特征】

落叶乔木。

梧桐叶　　陈丹维摄

【趣闻乐见】

梧桐是我国有诗文记载的最早的著名本土树种之一。《诗经·大雅·卷阿》写道："凤凰鸣矣，于彼高冈。梧桐生矣，于彼朝阳。"大意是：凤凰在高岗上鸣叫，声音高亢嘹亮。梧桐树挺拔地生长在高山的东面，全身沐浴着朝阳。凤凰是中国人心中的吉祥鸟、幸福鸟，美丽而神圣，歌颂凤凰，体现中华民族对美好生活的向往。文中的梧桐，是中国梧桐，与我们常见的行道树"梧桐"不同，它的树皮碧绿光滑，所以它又叫青桐。

梧桐果实　　王榭浩摄

梧桐的全身都是宝：树皮可以

造纸；果实可以榨油；木材轻软，是做乐器的良材；叶子对有毒气体有较强的抵抗性。梧桐枝干脆，易折断，荫蔽性差，目前很少做行道树，在城市公园部分种植。

青桐的蓇葖果成熟时开裂成五枚舟形果瓣，每枚果皮内镶有五粒种子，种子圆球形，表面具皱纹着生于果瓣边缘。果皮干燥后，透过阳光，呈现出清晰的网状结构。

（三）会学猫叫的黑短脚鹎

【科属】

雀形目鹎科短脚鹎（bēi）属。

【形态特征】

成鸟体长 22~26 厘米。

黑短脚鹎　　童雪峰摄

【分布与习性】

国内分布于南方多数地区，包括海南及台湾。在分布区内北部地区为夏候鸟，西南地区为常见留鸟。全身主要呈黑色，瘦长形，突出特征是红嘴红脚和白头或者花白头，红嘴尤为明显，脚部红色略淡于嘴部。（城区偶见，一般见于靠近山的公园。）常栖息于低山丘陵和山地森林的常绿阔叶林、针阔混交林和林缘等生境。常集群活动。食果实及昆虫。

【趣闻乐见】

黑短脚鹎（简称黑鹎）羽色有两种色型：一种通体黑色，另一种头、颈白色，其余通体黑色。黑鹎比较活泼，平时居住在高山乔木林里，活跃在树冠上。叫声多变不一，经常仿猫叫声。

在我国台湾地区，一些少数民族认为红嘴黑鹎是神圣不可侵犯的。在台湾布依族的传说中，记载着这样一则故事：

> 远古时，布依族人过着丰衣足食的生活，这使得布依族人好吃懒做，对祖灵不敬、族人间相互猜忌、滥杀动物、破坏大自然。天神为惩罚布依族人，用洪水摧毁他们的家园。布依族人四处逃窜，连工具、米粮都来不及带走，更严重的是连生火用的火种都忘了带出来。族人们饥寒交迫，不知如何是好。部落长老们商讨，要派谁去拿火种呢？
>
> 这时，红嘴黑鹎飞到族人的面前，主动请缨。它拿了火种后，怕火种掉落，将火种含在嘴上，一路上忍着火种的高热，不敢松口，但是实在太热了，后来又换成用脚抓着火种，就这样一路由嘴、脚轮替着含、抓，终于将火种顺利带回到山顶布依族人的居住地。因为有了火种，救了布依族人的生命。但红嘴黑鹎的嘴和脚却被火种烧灼后，变成了火红色。

三、户外观察——观察青蛙

夏天的晚上，蛙类是最响亮的歌唱家。让我们来了解一下蛙类的叫声是如何发出的吧，不同的生理结构又会对蛙类发出的声音有什么样的影响呢？

雄蛙在寻找“女友”的时候会高唱情歌，这歌声也成为我们辨认它们方位和种类的重要线索。但它们可不像人一样，张大嘴唱歌，它们唱歌时可是闭着嘴喔！蛙类在鸣叫时，会先吸一口气到肺里，然后挤压腹部把空气往头部紧闭的嘴巴挤，这时空气通过且震动声带，薄薄的鸣囊充满了空气，让鸣囊鼓起，声音便在鸣囊里产生共鸣，使情歌可以大声传播出去让雌蛙听到。蛙类的鸣囊是很强大的扩音机，你只要多听、多观察，往往会发现一些极为巨大的叫声却是小小的蛙所发出的，像体长大约 2 厘米的小雨蛙就是个头小、嗓门大的蛙类。

观察青蛙的鸣囊，聆听叫声

不同种类的蛙拥有不一样的鸣囊，鸣叫时鼓胀的鸣囊好像我们吃口香糖吹的泡泡，所以采用这个方式来解释一下不同形态的鸣囊。

单咽下鸣囊。这种鸣囊就是类似我们最典型的吹泡泡方式，泡泡又大又圆，有些蛙吹得甚至可以超过脸的大小！拥有这种鸣囊的蛙鸣叫时，声音传至喉部下方的大圆球里，在圆球里产生共鸣，所以它们的情歌非常响亮！拥有单咽下鸣囊的面天树蛙、小雨蛙、中国雨蛙等，都属于这种个头小、声音大的蛙类。

内鸣囊。口香糖泡泡吹得很小，仅在喉部内侧，鸣叫时只有微微地突起，不太明显，声音也小且低沉，阔褶蛙就是拥有内鸣囊的蛙类。

咽侧外鸣囊。这种泡泡吹起来就更加厉害了，因为它是两个泡泡分别鼓在嘴下方两侧！这样的鸣囊发出的声音大多是又大又响的单音，如声音像鸟叫的斯文豪氏赤蛙和叫声像狗叫的贡德氏赤蛙都是吹两个大泡泡的厉害蛙类。

四、小暑习俗

吃藕。“小暑吃藕”的习俗早在清咸丰年间就有了，莲藕还被钦定为御膳贡品。因与“偶”同音，故民俗用食藕祝愿婚姻美满，又因其出淤泥而不染，与荷花同作为清廉高洁的人格象征。

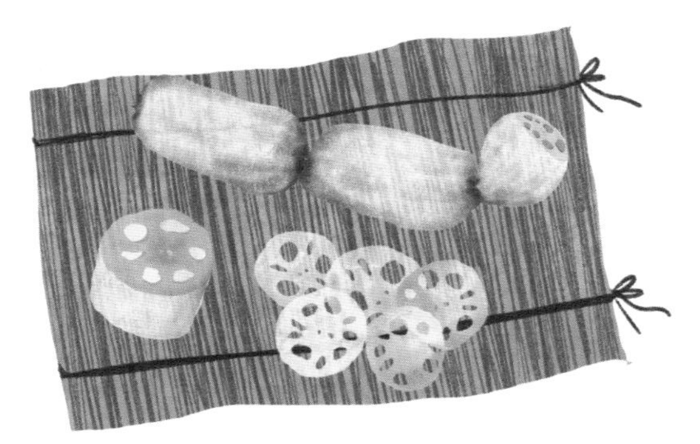

吃藕　　丁页手绘

吃伏面。民间头伏日吃面的习俗由来已久，最早在三国时期就已开始。为什么伏日吃汤面呢？吃面一方面可以增益身体，另一方面淌汗亦是排毒之法。当然，伏天还可吃过水面、炒面等。

吃伏面　　丁页手绘

晒伏。农历六月六，小暑前后，传说是龙宫晒龙袍的日子。此时气温高，日照长，家家户户都选择这一天晒伏。把存放在柜子里的衣服晾到外面接受阳光暴晒，以去潮去湿，防霉防蛀。

晒伏　　丁页手绘

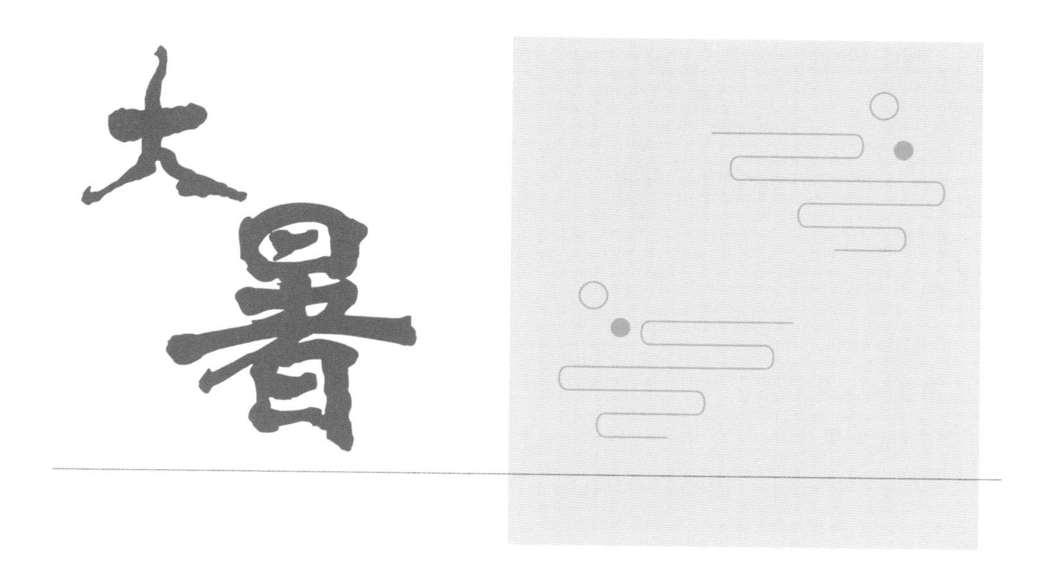

公历 7 月 22~24 日交节。

大暑正值“中伏”前后，是一年中气温最高、农作物生长最快的时期。大部分地区的旱、涝、风灾也很是频繁，抢收抢种，抗旱排涝，防台和田间管理等任务也很重。

一、大暑三候

一候腐草为萤。萤火虫有两千多种，可以分为水生和陆生两种。陆生的萤火虫产卵于枯草上，大暑时，萤火虫卵化而出，因此古人认为萤火虫是由腐草变成的。

二候土润溽暑。大暑节气时，土地湿热，是一年中最热、农作物生长最快的时节。

三候大雨时行。时常会有大的雷雨出现，这大雨使暑湿减弱，天气开始向立秋过渡。

二、城市物种

（一）荷花、睡莲是一家吗

【科属】

莲科莲属。

【形态特征】

多年生水生草本。

【趣闻乐见】

“出淤泥而不染，濯清涟而不妖，中通外直，不蔓不枝，香远益清，亭亭净植，可远观而不可亵玩焉。”说到这里，大家能猜出我们今天的主角是谁吗？没错，就是莲花，刚刚的诗句出自宋代周敦颐的佳作《爱莲说》。

荷花　边喜英摄

莲蓬　陈丹维摄

常见的荷花和睡莲，看起来名称和外表都很相似，但睡莲和荷花却是两种截然不同的植物。从生物学的角度来看，荷花属于山龙眼目，莲科；而睡莲属于睡莲目，睡莲科。两者在生物学上的关系也不是特别近，只是外形相对比较像罢了。荷花的花和叶都高离水面，有的能高出水面一米以上，叫作挺水植物。睡莲的花和叶多半浮在水面上，或者稍微高过水面一点点，叫作浮水植物（也叫作浮叶植物）。我们偶尔见到有些睡莲挺出水面，通常是种类或品种的原因，或者仅仅是因为水面太挤了。

睡莲的名称是怎样得来的呢？睡莲在白天盛开，你观察下晚上它会怎么样？原来到了晚上它的花瓣就纷纷合拢了！如果仔细观察我们会发现，睡莲都生长在靠近岸边的浅水区，深水区是不太会出现睡莲的。

睡莲　　边喜英摄

如果在下雨天，你仔细观察荷叶淋雨，水在叶上转两圈，或弹出叶面，或以水珠的形式留在叶中间，感觉它不会“湿身”。20 世纪 70 年代，德国植物学家在显微镜下发现，荷叶的表面有一层草毛和一些微小的蜡质颗粒，进一步放在超高分辨率显微镜下观察发现，荷叶表面上有许多微小的乳突，乳突的平均大小约为 10 微米，平均间距约 12 微米。水在这些纳米级的微小颗粒上不会向莲叶内部渗透，而是形成一个个球体，在荷叶上徘徊。那我们的衣服、雨具、卫具、屋顶和墙面如果做到这样，也可能不用担心淋雨了。

（二）夏日里的元宝树——枫杨

枫杨果实　边喜英摄

【科属】

胡桃科枫杨属。

【形态特征】

高大乔木。

【趣闻乐见】

枫杨是一种高大的乔木，树皮具明显纵裂，老树粗壮的树干带给人一种沧桑感。而芽是裸露的，外面没有芽鳞保护。叶多为偶数羽状复叶，叶子最具识别特征的就是它的叶轴两边具有狭翅。枫杨的花序也是一串串下垂的，有雌雄之分。枫杨的果是具翅的小坚果，关于它的比喻也很多，燕子、元宝，还有馄饨。当这些“元宝”从枝头一排排地垂下来的时候，大概就是枫杨给人印象最深的时候，也许大多数人是因为看到这样的果序，才认出它是枫杨的吧。

到果实成熟之时，各种植物想方设法，希望自己的儿孙远走他乡，只有这样，才不容易灭绝。例如，菊科的蒲公英、一点红、野茼蒿等多菊科植物为果实配备了“羽毛”——实际上是其花萼特化而成的冠毛，有助于果实和种子的散布。木棉、柳树、胡杨和有些夹竹桃科的植物的种子带冠毛，当果裂开时，被风刮飞，如降落伞一般，被吹到新的领地，继而生根发芽。青钱柳、枫杨、槭树、龙脑香、白蜡树都具有翅果，在降落时，尽量借助风力飞向远方。

据资料记载，枫杨的果实可以酿酒。若很想知道它酿出的酒味道如何，感兴趣的朋友可以去查查资料，要是成功酿出美味的酒，记得拿来分享一下。

（三）头上有皇冠的戴胜

【科属】

佛法僧目戴胜科戴胜属。

【形态特征】

成鸟体长 25~32 厘米。

戴胜　　童雪峰摄

【分布与习性】

广泛分布于欧亚大陆和非洲。国内见于绝大多数地区，北方群体冬季南迁。黑色的嘴细长而略向下弯。头顶羽毛形成一个羽冠，在惊飞停栖于枝头时会打开呈扇形，整体黄褐色，翅膀和羽冠夹杂黑色斑纹。栖息于较为开阔的草地、耕地和林缘等，在地面挖掘昆虫。飞行时振翅缓慢，波浪式前进。天气晴朗时经常伏在地面晒太阳。

【趣闻乐见】

戴胜属于“常见但长相奇特”的动物，是以色列的国鸟。

名字中的“胜”，是指古代人们戴在头上的一种饰物，它张开冠羽的那一瞬间，漂亮的冠羽就像一个王冠。说到戴胜，就必须提到一个神仙：西王母。西王母是传说中的一位女神，也有人说她是西方部落的女首领。不管怎样，在《山海经》里，西王母首次是以一个人物的形象出现的，书里记载她“豹尾虎齿而善啸，蓬发戴胜”。意思是西王母头上戴着饰物“胜”。从此，“戴胜”几乎成了西王母唯一的标志。在汉画像石里，西王母的形象几乎都戴着“胜”。到了后期，人们甚至直接画一个“胜”就代表西王母了。

戴胜有一个很不雅观的外号——“臭姑姑”。原来这种鸟虽然颜值不低，但是不太讲究个人卫生。特别是繁殖季节，雌鸟在窝里孵蛋期间，完全不出窝，吃喝拉撒都在窝里解决，搞得窝里又脏又臭。难闻的气味是戴胜另类的自卫方式。至于“姑姑”，则与它们的叫声类似“咕咕”有关。成年戴胜和其雏鸟把闻起来像腐肉味的液体涂抹在自己的羽毛上，将其作为一种防治寄生虫的乳液，同时也能进一步威慑它的天敌。遇到危险的时候，还会用尾羽腺向入侵者喷射这种液体。尽管戴胜散发着一股难闻的气味，但是无论我们在何处与它们相遇，它们的气魄、走路时的快活劲头、熟悉的鸣叫声及那引人注目的鸟冠，总会使我们感到亲切。

三、户外观察——观察青蛙

若在夏夜里走在靠近小溪或水池的小路上，我们常常会听到来自蛙的问候，时不时还会“偶遇”几只旅行蛙。

全世界的蛙类超过5500种，除了南极以外，各地都有蛙类的踪迹。一般人感觉湿湿黏黏的蛙类，看似长得一模一样，其实它们各有特殊的身体构造，好让它们可以过着陆地和水下的两栖生活。

赏蛙达人常用术语

变态：蝌蚪变成青蛙的过程，即指蝌蚪从在水中像鱼一样的生活方式，转变成在陆地上生活，不但生活方式改变，身体构造也改变了。蝌蚪变成青蛙有个很重要的阶段，就是呼吸器官的转换——蛙类登陆之后，就由用鳃呼吸转变成用肺和皮肤来呼吸。

背中线：位于背部正中，从吻端连到泄殖腔的直线花纹。

耳后腺：蟾蜍特有的毒腺，在背部突起的两个胶囊状物。

疣粒：背部突起的颗粒，是蟾蜍分泌毒液的地方。

体长：从吻端到泄殖腔的距离。

寻觅一只蛙类，观察它的身体构造并判断其种类

蛙类的辨识方法

只要经过几种特征的组合，就能辨认蛙的种类：

鸣叫声：聆听它的叫声，因为这是辨认蛙类的重要捷径，但只适用于雄蛙。

脚趾的形态：观察蛙类的脚趾是否有吸盘，趾间是否有蹼。

体型：初步辨认它的类别，到底是树蛙、赤蛙、狭口蛙还是蟾蜍等。

外形特征：身体是否有颗粒或棍状突起，体侧是否有侧折、过眼线等。

眼睛的特征：观察虹膜的颜色和瞳孔的形状。

身体颜色与斑纹：全身各部位的颜色都要观察，越仔细越好，也要注意身上是不是带有斑纹或色块，并记住分布在什么位置。

出没地点：观察蛙类出没的是在水边、树林、步道还是泥地上。

逐一观察以上七项内容，并仔细记录之后，比对图鉴或网络资料，你就能够找出你观察的种类！

赏蛙达人秘诀

在夜间寻找蛙类时，必须使用手电筒。建议大家把手电筒拿在自己眼睛旁边，而不是拿得低低的随意寻找。这样可以光照到哪儿，眼睛就看到哪儿，而蛙类眼睛又会反光，看到反光就能找到蛙。不过，蛙类对很多声响都比较敏感，可能一靠近它，它就停止鸣叫。因此，如果听到蛙鸣却遍寻不着，建议你先蹲下身子，并关上手电筒，等确定了蛙鸣来源，再进行寻找，这样寻获的概率就更大一些。

四、大暑习俗

吃仙草。南方会熬制烧仙草，谚语云“六月大暑吃仙草，活如神仙不会老”。仙草又名凉粉草、仙人草，是一种草本植物，叶子很像薄荷。按传统中医说法，仙草有清暑、解渴、除热毒的功效。

吃仙草　　丁页手绘

饮伏茶。伏茶，顾名思义，是三伏天喝的茶。这种茶水是由金银花、夏枯草、甘草等十多味中草药煮成的，有清凉祛暑的作用。古时候，很多地方的农村都有个习俗，就是村里人会在村口的凉亭里放些茶水，免费给来往的路人喝。

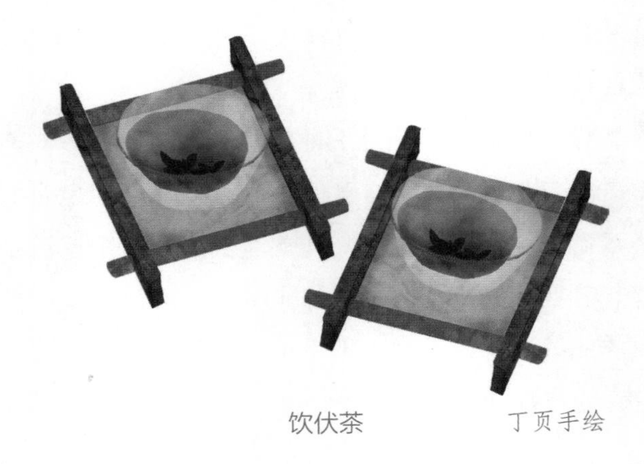

饮伏茶　　丁页手绘

送大暑船。大多是流传在渔村的民间传统习俗。送“大暑船”时，伴有丰富多彩的民间文艺表演。其意义是把“五圣”（五位瘟神）送出海，送暑保平安。

送大暑船　　丁页手绘

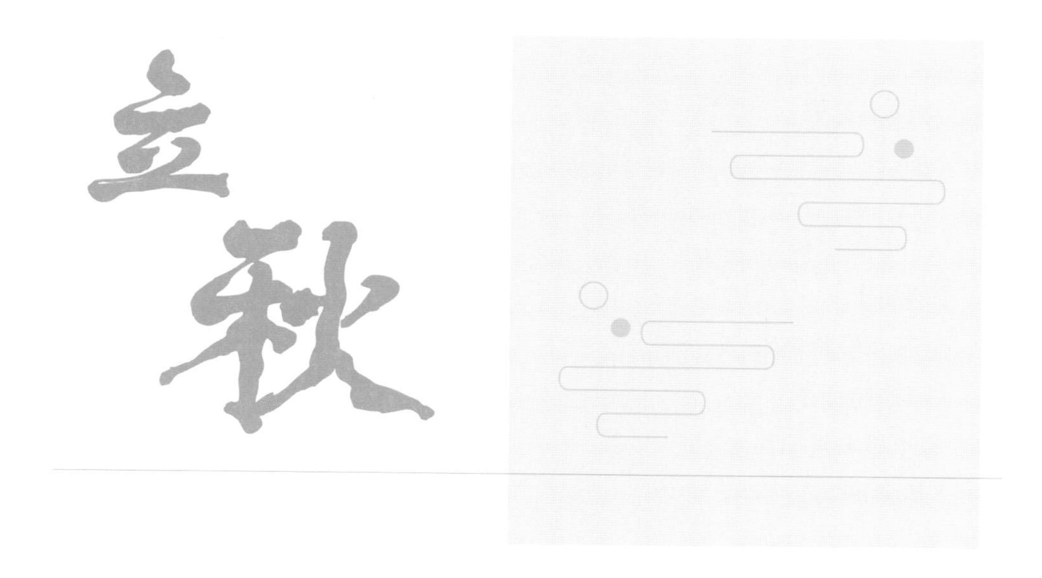

公历 8 月 7~9 日交节。

立秋是二十四节气中的第十三个节气。立秋的“立”是开始的意思，“秋”是指庄稼成熟的意思。立秋表示暑去凉来，秋天开始之意。到了立秋，梧桐树必定开始落叶，因此才有“落一叶而知秋”的说法。

一、立秋三候

一候凉风至。古诗有云：凉风绕曲房，寒蝉鸣高柳。立秋后，我国大部分地区开始刮偏北风，偏南风逐渐减少。人们就会感到，暑气渐消，清风徐来。

二候白露生。大雨之后，清凉的风吹来，白茫茫的模糊不清的雾气，从天而降，尚未凝结成水珠，所以叫作白霜降。

三候寒蝉鸣。立秋后，寒蝉的生命将尽，鸣声渐渐凄切，同时也在表明天气真的开始在慢慢变冷了。如果说布谷鸟是在报春的话，那么寒蝉嘶鸣是在向我们传达着秋天将要到来的信息。

二、城市物种

（一）紫薇花

【科属】

千屈菜科紫薇属。

【形态特征】

落叶灌木或小乔木。

【趣闻乐见】

很多人熟悉紫薇这个名字，是因为电视剧《还珠格格》中温婉的紫薇。其实，在我国古代，就有紫薇星照彻乾坤、行善除恶的神话。当一种叫“年”的妖魔横行人寰、荼毒生灵，她便化为紫薇仙子，守护人间。当紫薇花开遍，“年”便销声匿迹，一朵朵如紫薇一样紫色的祥云，舒卷着祥瑞与平和，轻盈盈地缭绕于青山绿水的眉眼间。

紫薇花　　边喜英摄

“盛夏绿遮眼，兹花红满堂。”酷暑的炎热，让许多花儿都隐藏了起来。只有紫薇在烈日下恣情地怒放着鲜艳的美丽，玫红的颜色如涂满蔻丹的热辣女郎，烈日下纹丝不动的姿态又有大家闺秀的沉静。紫薇的花期可从夏季开到秋季，真正的花红百日。

紫薇的木质化树皮比较独特。成年的紫薇筋脉挺露、莹洁光滑。年幼的紫薇还是年年生表皮，年年自行脱落，脱去表皮后的树干新鲜而光洁，用手轻挠之，枝摇叶动，浑身颤抖，所以紫薇又名痒痒树。

（二）榉树

【科属】

榆科榉属。

【形态特征】

乔木。

【趣闻乐见】

榉树树干和嫩叶　　边喜英摄

榉树，因其“榉”和“举”谐音，应景那么一句话“一举成名天下知”。我国古代科考有举人、举子之名。相传，以前天门山有一秀才人家，秀才屡试屡挫，妻子恐其沉沦，与其约赌，在家门口石头上种榉树。有志者事竟成。榉树竟和石头长在了一起，秀才最终也中举归来。因“硬石种榉”与“应试中举”谐音，故木石奇缘又含着祥瑞征兆。

“前榉后朴”这个观念作为一个传统风俗，现在也被广泛用于设计景观。在城市绿化中，榉树也同样有这个含义。榉树在古时用于房屋之栋梁，一般人家在庭院前种上榉树，寄托家中要出栋梁之材之愿望。选朴树栽于庭院之后，借用朴树生长力顽强，树姿婆娑，催生家里俭朴持家、兴旺发达的风水。因此，百姓在分家立业时，会植榉树和朴树至新宅。待儿女婚嫁时伐榉取木，打造家具：女子打制箱匣等小件，男丁则打制床架、几案等大件。

乡土树种一直以来都是城市苗木需求的重点，主要是乡土树种的自身适应性比较强，有些树种具有区域性，也是地域文化的成就者，具有非凡的意义。榉树作为乡土树种的代表，景观性与环保作用并重，近些年发展速度较快，在丰富的园林绿化苗木中脱颖而出。榉树有以下特性：①生长适应能力强。对土壤要求不高，我国南北方都能种植，成活率高，深根植物，抗风能力强，管理成本比较低。②观赏价值高。树形开阔，中心树干直立性强，树冠大，植株繁茂。榉树在春、夏、初秋绿荫满目，深秋季节叶色变黄，与斑斓的秋色交织在一起，秋风吹落树叶，如同下起“黄金雨”。③抗污染能力强。枝叶茂密阻滞空气中的浮尘，吸收有害气体，释放出氧气，防风固土能力强，能够保持水土流失。④较高的经济价值。榉树的木材质地紧密，结实耐用，有清晰的纹理，美观度高，优质榉木可以用来制作家具和当作建筑材料。⑤文化底蕴深厚。“榉”和“举”同意，古代有“中举”的意思，所以榉树被认为是寓意美好的树种，具有深厚的文化意义。

（三）闪电捕鱼能手——普通翠鸟

【科属】

佛法僧目翠鸟科翠鸟属。

【形态特征】

成鸟体长 15~18 厘米。

翠鸟　　童雪峰摄

【分布与习性】

水边生活的小型鸟，常于水边石头上或树枝上停栖，飞行迅速，或者直接扎入水中捕鱼为食。飞行时常鸣叫，类似自行车尖锐的刹车声。国内见于西北和中东部大多数地区。在东北地区为夏候鸟，在不封冻的地区为留鸟。

【趣闻乐见】

翠鸟是快速、准确的捕食专家。翠鸟天生有一种快速俯冲的绝技，捕食时喜欢停在水边的枝条、苇秆、树桩、石头等上面，静静地低头注视水面，一旦发现鱼鳞银光一闪，它立即紧夹双翼，身体像子弹似的笔直插入水中，喙会像钳子一样张开，紧紧地夹住猎物，随后冲出水面，飞到树顶处慢慢享用，整个捕食的过程不过几秒钟。

翠鸟能够快速、准确地捕食，与它具备的天赋是分不开的。①超强的视力。研究发现，它的眼睛进入水中后，能迅速适应水中光线造成的视角反差。②不怕水的羽毛。翠鸟的羽毛中隐藏着许多气袋，尾部还有分泌防水油的腺体。③悬停的绝技。翠鸟是一种采用埋伏式捕食的捕猎者。但当水面反光强烈、不适合“蹲点守候”的时候，翠鸟会飞到距离水面约 10 米的高空，快速拍打翅膀，使自己像直升机一样“悬停”，并紧盯水面，一旦发现猎物便收紧翅膀一头扎进水里将猎物捉住。当捕到较大的鱼时，就用喙将鱼使劲地甩打，直到鱼不能动弹为止；然后再仰起头不停地调整鱼在嘴里的位置，直到鱼头朝上，才将猎物吞入口中，这样避免鱼鳍刺伤食管。

翠鸟还是“隧道专家”。它的筑巢能力相当高超。翠鸟一般会把自己的巢建在离水边较远且高出地面很多的土坡断崖上。筑巢时，先是空中作业，像直升机似的悬停在空中，然后突然向前猛冲，一次次用它那凿子一样的大喙凿击土崖上的峭壁，直到凿出一个小洞口。凿洞时，双脚迅速地把渣土扒出洞外。翠鸟造出的窝上不着天、下不接地，蛇和鼠等动物很难靠近。翠鸟凿出的洞是笔直的，它会一直凿到 50~100 厘米深的地方，才扩成一个直径为 15 厘米左右的球形洞。在凿洞的过程中，如果遇上大石块或树根，它们就会放弃，换个地方重新开始。

翠鸟身上的羽毛集各种鲜亮颜色于一身。为什么呈现出如此多迷人的色彩呢？经过专家们的研究与测试，发现翠鸟羽毛的漂亮颜色源于羽毛中角质蛋白里含有的色素。翠鸟羽毛中还有类似棱镜状的结构，在光的折射下可呈现出羽毛中的绚丽颜色。更神奇的是，羽毛中这些微小结构还会引导光线，让羽毛中的蓝色和翠绿色从不同的方向折射出来。所以，翠鸟的羽毛看起来异常鲜艳，非常漂亮。

中国从明清时代起，宫廷中就使用翠鸟的翠绿羽毛作画屏的配色，皇后戴的凤冠上也用翠鸟的羽毛作衬底，这些珍品在故宫、颐和园、定陵、长陵等宫殿内的摆设中可以看到。这些珍贵的工艺品采用的是中国传统手工艺“点翠”——这是一种将翠鸟羽毛工艺和金属工艺相结合的传统首饰工艺。点翠工艺就是先用金或者镏金的金属做成不同图案的底座，然后再将翠鸟背部的蓝色羽毛剪下，仔细地粘贴在底座上。翠鸟羽毛根据部位和工艺的不同，可以呈现出不同的色彩，加上羽毛的自然纹理和幻彩光，可以使饰品生动活泼、富于变化。现在出于保护动物的需要，已经不再使用点翠技术了。

日本的新干线列车与翠鸟有着不解之缘。1964 年，日本新干线成为全世界第一条投入商业营运的高速铁路。但是，列车行驶在隧道时，总是发出震耳欲聋的噪声，乘客无法忍受。经过反复研究发现，新干线列车在高速行驶时不断挤压前面的空气，从而形成一堵“风墙”，当这堵“风墙”跟隧洞外面的空气相碰撞时，便会发出巨大的噪声，而且还增加了列车的阻力。最终解决难题的思路灵感来自翠鸟。翠鸟流线型的身体结构像把刀子，飞行时瞬间穿越空气，从水面掠过时也几乎不留一点涟漪。这是为什么呢？技术人员从翠鸟的嘴巴上找到了答案。经观察研究发现，翠鸟拥有一个流线型的长长的嘴巴，以便让水流顺畅地向后流动。以翠鸟的这个特征为基础，通过仿生学的设计，设计人员对新干线子弹车头进行重新改造，研制出了新型的高速列车并于 1997 年投入使用。实践证明，这种新型列车的行驶噪声显著下降，同时车速提升、电力消耗降低。这样的技术创新成果，人类要感谢翠鸟，并给它记功！

三、户外观察——植物观察之树

人类通常把植物分为木本植物和草本植物。草本植物称作“草”，而将木本植物称为“树”。其中，木本植物又分为乔木、灌木、藤木。

乔木。乔木的特征就是树形高大，有一根直立的枝干，高度在六米以上。乔木有两种：一种是落叶乔木，一种是常绿乔木。常绿乔木四季常青；落叶乔木在秋冬季会掉叶，减少自身水分的蒸发。像桂花、香樟、木棉、松树就是乔木。

灌木。灌木的特征是没有明显的主干，高度比较低，很少有超过五六米高的，在基部又生长出多个分枝，生长成丛生形态，像大叶黄杨、小叶黄杨、玫瑰、牡丹等。灌木也分为落叶灌木和常绿灌木。

藤木。藤木的特点就是自身没有直立的能力，只能依附在树干或者是墙壁可以攀爬的地方。藤木的代表植物有葡萄、南瓜、旱金莲、忍冬、紫藤等。这类植物在栽种的时候，最好是置一个可以供攀爬的架子。

植物知识一二

原生植物。在一定的地区自然生长，非人为栽植或引进的植物，也就是我们人类所称的“土著”。

特有植物。仅见于某一特定地区的植物，为该地的特有植物。

蜜源植物。花朵能分泌大量花蜜，供蜜蜂、蝴蝶等昆虫吸食的植物。

附生植物。依附在其他植物体上，但不依赖所附着的对象提供养分的植物。它就像一个来家里借宿的客人，却自食其力地生活着。

寄生植物。着生在其他植物体上，并吸收着生对象的养分，就像一个恶房客，强占房东家，还要房东提供所有食物供它享用。

缠勒现象。缠勒现象常常发生在桑科榕属的植物上，它们的种子会通过鸟类的粪便传递，在其他种类的树上生根发芽。在成长过程中，它的根系开始缠绕包围原本附着的树，这当然也影响该树的成长，经过数年之后，榕属植物所包围的树因为缺乏养分而死亡，它便占据原本树木的生长空间。

记录你的植物自然朋友

（1）今天你知道了乔木、灌木、藤木的特征，请判断你的自然朋友是（　）。

A. 乔木　　B. 灌木　　C. 藤木　　D. 草本

（2）观察并记录你的自然朋友的形态。

（3）用笔和纸拓印出树干的肌理纹路。

四、立秋习俗

贴秋膘。民间流行在立秋这天以悬秤称人，将体重与立夏时对比。因为人到夏天，没有什么胃口，饮食清淡，两三个月下来，人都瘦一圈。秋风起，胃口大开，想吃点好的，就用吃炖肉的办法把夏天身上掉的膘重新补回来，这就是“贴秋膘”。

贴秋膘　　丁页手绘

啃秋。在“立秋”这一天全家一起吃西瓜的习俗，称为“啃秋”（啃秋抒发的，实际上是一种丰收的喜悦）。一些老人说，过了这一天，就不能再吃西瓜了，因为西瓜性寒，“立秋”以后多吃容易导致腹泻。

福圆。立秋节气是我国台湾地区龙眼的盛产期。人们相信吃了龙眼肉，子孙会做大官，而且龙眼又称为“福圆”，所以有俗谚：食福圆生子生孙中状元。

啃秋　　丁页手绘

福圆　　丁页手绘

公历 8 月 22~24 日交节。

处暑是二十四节气中的第十四个节气。

《月令七十二候集解》记载:“处暑，七月中。处，去也，暑气至此而止矣。”意为夏季的余热至此而止，气温下降明显，昼夜温差增大，气象学意义上的秋天到来了。处暑过后天气开始转凉。宋代仇远在《处暑后风雨》中写道:“疾风驱急雨，残暑扫除空。因识炎凉态，都来顷刻中。纸窗嫌有隙，纨扇笑无功。儿读秋声赋，令人忆醉翁。”描述了处暑刚过，疾风加急雨就干净利落地扫尽残暑，甚至让人忌惮起窗缝外逼近的寒凉之气。这时起，老人们常常会边念叨着“一场秋雨一场寒”，边敦促年轻人及时添加衣衫。

一、处暑三候

一候鹰乃祭鸟。鹰感知到了秋之肃气开始大量捕猎鸟类，并在捕猎后将猎物摆放在地上，如同陈列祭祀一般，而后食用。

二候天地始肃。指天地间万物开始凋零。因此，古时有着“秋决”的说法，即为了顺应天地的肃杀之气而行刑。《吕氏春秋》上也有记载："天地始肃不可以赢。"即是告诫人们秋天天地间万物开始凋零，人应该顺应自然，收敛而勿骄淫。

三候禾乃登。"禾"是黍、稷、稻、粱类农作物的总称，"登"即成熟的意思。意为此时的禾谷已经成熟，可以收获。

二、城市物种

（一）饱受争议、直冲天际的凌霄

【科属】

紫葳科凌霄属。

【形态特征】

攀缘藤本。

【趣闻乐见】

大多数人了解凌霄花可能是通过舒婷《致橡树》中的描写。"我如果爱你——绝不像攀缘的凌霄花，借你的高枝炫耀自己。"由于凌霄花喜欢攀附在其他物体上，所以古往今来，它常被冠以"趋炎附势""缺乏独立精神"的性格标签。但很多事情从不同的角度去看，想法是不一样的。凌霄的攀爬能力极强，即使在贫瘠的土地上也能顽强生存，只要活着，它就要向上攀登，奋斗不止。不断向上生长，这种特性又往往给人以意气风发、豪情满志的

凌霄花　　边喜英摄

感觉。宋代诗人贾昌朝赞颂凌霄花有远大理想抱负，终于长得像参天大树那样高大。“披云似有凌霄志，向日宁无捧日心。珍重青松好依托，直从平地起千寻。”

凌霄花为我国较常见的花卉品种之一。它是藤本植物，但不同于紫藤的缠绕型生长，它的攀缘方式是“气根型”，就是在节间处形成气生根，用来在墙壁等处进行固定，从而使得植株直立生长。

（二）叶大多变、红果香甜的构树

【科属】

桑科构属。

【形态特征】

高大乔木或灌木状。

【趣闻乐见】

构树古时有一绰号“恶树”，主要是因为构树质地较软，无法做成镰把、锹把，看起来“一无是处”。不仅如此，构树适应多种土壤，果实落到哪里就可以在哪里生根发芽。若是长在庄稼里，就会不顾一切肆意生长，破坏土地的生态平衡；而长在墙根处的构树，野蛮生长到“砍都砍不死”，根系可以直接“掀翻”院墙。

自然灾害时期，粮食出现严重不足。这个时候，曾经的“恶树”成了“救命树”——人们把构树的叶放在水里煮着吃，用构树的花炒菜、做汤，饿到不行构树皮也可以啃着吃……很多人依靠构树度过了那段艰难的日子。

后来随着科学的进步，它又有“黄金树”之称。虽是一个极其普通的树种，却从树干到枝叶、果皮等都有很高的应用价值：构树皮的纤维素特别长，是造纸的好原料；构树的嫩叶纤维素含量也很高，可用作饲料；构树的种子、叶子、果实、汁液等都可以作为中药使用……浑身是宝的构树更是被形象地称为“软黄金”。

现在改良后的构树，既保留了野生资源适应性强的基因，又经遗传育种筛选出主干直立性强的优良速生基因，具有生长快、产量高、适应性强、轮伐期短、无病虫害等特点，被纳入阔叶类环保型乡土速生树种。主干具有较强顶端优势，株高可达 10~20 米，树形挺拔，树皮灰绿色或灰白色，树皮平滑不易裂。

构树的树叶很有意思：小时候，叶缘的缺口较多且各种各样；待长成参天大树的时候，大多数的叶缘却是平滑的，你想找有缺口的有点儿不容易。构树是雌雄异株的植物，只有雌性构树才会结果。果实为聚花果，饱满多汁，颜色是非常艳丽的红色，老远就能看见，十分诱人。构树的果实不仅能吃，还香甜美味。但是由于它的果实处于“炸裂”状态，而且颜色鲜艳，不仅吸引了人类的目光，自然也吸引了蚊子、苍蝇，以及各类昆虫的注意，在你看见红彤彤的果实之前，其他蚊虫或许已经光顾过。由于构树果实的“炸裂”状态，导致它根本就没法清洗，直接食用也就没有保障。

构树的果实　　陈丹维摄

（三）喜鹊

【科属】

雀形目鸦科鹊属。

【形态特征】

成鸟体长 30~39 厘米。

喜鹊　　　　童雪峰摄

【分布与习性】

常见的中大型鸟类，广泛分布于欧亚大陆，北非和北美西部亦有记录。国内常见留鸟。整体黑色，在光线下呈蓝黑色，腹部白色，翅膀合拢时黑白相间。活动于林地、湿地、农田、村庄、城市等各种生境，常在铁塔或者大型天线上营巢，巢由大量树枝构成，颇大。

【趣闻乐见】

整体呈黑色，在光线下呈蓝黑色，腹部白色，翅膀合拢时黑白相间，飞行时仰望可以看到两侧翅膀下和腹部有白色斑块，尾巴长，叫声为“喳喳”。喜鹊是生活在我们周围的、几乎无处不在的野生鸟种。喜鹊是著名的“土豪”，每年会建新巢，而旧巢往往就成为其他鸟的安乐窝了。

非繁殖季常集成数十只的大群，攻击性较强，常主动围攻猛禽。城市中的喜鹊有时会扮演“清道夫”的角色，像乌鸦那样在垃圾堆中觅食，但它们的消化能力不及乌鸦。

喜鹊大概和人有近似的想法，喜欢多子多福，它们每窝产卵 4~8 枚。孵化后的雏鸟，长大后也喜欢和父母生活在一起，有的甚至在父母的窝巢边筑巢，它们似乎喜欢长久地享受天伦之乐。

民间一直传说喜鹊是织女的使者，每年农历七月初七，喜鹊在银河上搭起鹊桥，阻隔在银河两岸的牛郎和织女得以相会。因为喜鹊能为牛郎织女这对情侣创造团聚的机会，所以人们相信喜鹊一定能给新人带来团圆美满的幸福，故经常出现在传统的吉祥图案中。古人在铜镜的背面铸喜鹊形状，称为鹊镜。《太平御览·神异经》中说：“昔有夫妻将别，破镜，各执半以为信。其妻与人通。其镜化为鹊，飞至夫前，其夫乃知之。后人因铸镜为鹊安背上，自此始也。”一面小小的鹊镜，又成了夫妻忠贞的见证。

“喜鹊喳喳叫，必有喜事到。”喜鹊是山村人家的报喜鸟。人们在房前屋后栽植上乔木，如果是山白杨或者是桦树、椿树，这些树木长成参天大树的时候，不会引来凤凰，却常能吸引来喜鹊，它们在空中张开黑、白、蓝三色的翅膀，飞行、跳跃着前来视察新的空中领地，如果看到大树的主人对它很友好，不在意它的吵闹，那么，它就会心满意足地在枝头上舞蹈，然后召唤自己的爱人，一起来编织爱巢。喜鹊的巢，非常坚固，一旦搭成，就成了永久的树冠标志。人们认为喜鹊的到来能给家庭带来吉祥，很喜欢喜鹊在自家房前屋后搭巢。有了喜鹊筑巢，从此那家人也就有了报喜鸟，遇到客人来，喜鹊会早早地通知它的人类邻居，让人早早准备，迎接盈门的喜气。

三、户外观察——植物观察之叶

植物的辨别

植物的种类众多，常常无法马上与名称对上。很多时候植物开花的时候认识，植物的花谢了，就认不出了。现在虽说有了多个植物识别的APP小程序，但是还需要您掌握一些基本的植物分类知识，从树的形态、树干、茎、叶子、花期及特征、果期及特征等方面一一比对判断。

（1）植物大小与形态：先确认植物本体的大小、高度，并观察它的整体形态。

（2）叶子的样貌：观察叶子的形状、生长形态和叶序。

（3）生长环境：每种植物都有各自分布的生长环境，因此生长环境、海拔高度是辨识植物的重要资料，但这部分仅限于自然环境，人工栽植的植物就不一定准确了。

观察植物自然朋友的叶子

（1）是单叶还是复叶?

（2）脉序是网状脉还是平行脉?

（3）叶在枝条上的着生方式。

（4）叶形接近哪一种?

（5）叶缘是哪种?

（6）叶尖是哪种?

今天你知道了叶子的基本形态术语，请画一片叶子，指出它叶端、叶、叶脉、叶基、叶柄、托叶、叶腋的部位（有的标注，没有不用）。

四、处暑习俗

放荷灯　　丁页手绘

放荷灯。河灯也叫“荷花灯”。一般是在底座上放上一座灯盏或者是一根蜡烛。放河灯是为了普度水中的落水鬼和其他孤魂野鬼。中元夜放在江河湖海之中，任它自由地漂泛。萧红《呼兰河传》中的一段文字，是这种习俗的最好注脚：“七月十五是个鬼节；死了的冤魂怨鬼，不得托生，缠绵在地狱里非常苦，想托生，又找不着路。这一天若是有个死鬼托着一盏河灯，就得托生。”

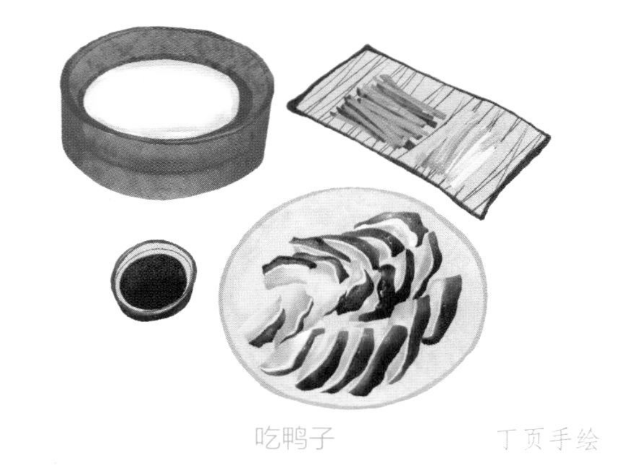
吃鸭子　　丁页手绘

吃鸭子。老鸭味甘性凉，因此民间有处暑吃鸭子的传统。做法五花八门，有白切鸭、柠檬鸭、子姜鸭、烤鸭、荷叶鸭、核桃鸭等。北京至今还保留着这一传统。一般处暑这天，北京人都会到店里去买处暑百合鸭等。

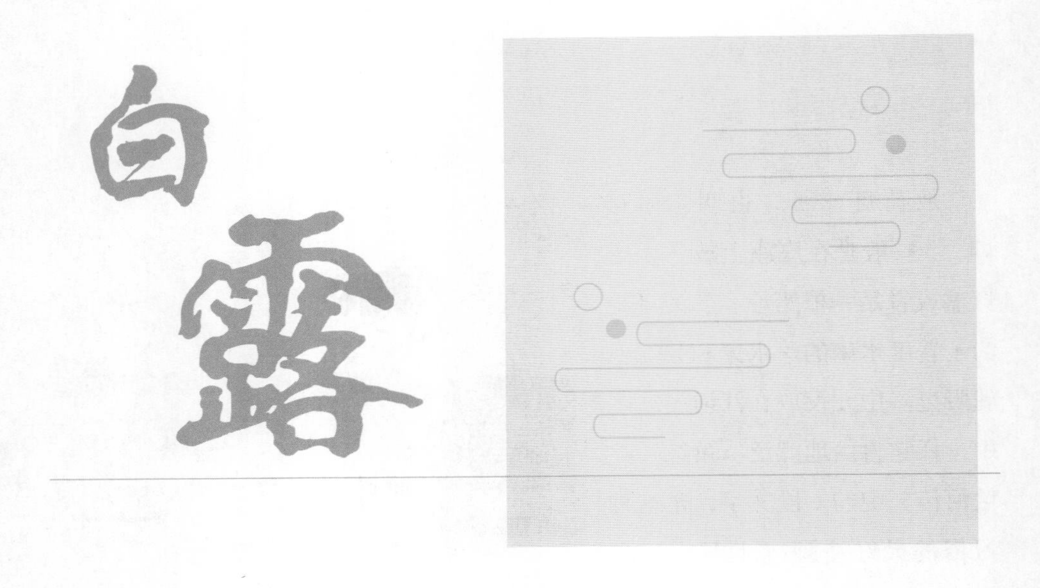

公历 9 月 7~9 日交节。

白露是农历二十四节气中的第十五个节气，也是秋天的第三个节气，表示孟秋时节的结束和仲秋时节的开始。进入白露节气后，夏季风逐步被冬季风所代替，冷空气转守为攻，暖空气逐渐退避三舍，冷空气分批南下，往往带来一定范围的降温，人们爱用“白露秋风夜，一夜凉一夜”的谚语来形容气温下降速度加快的情形。

一、白露三候

一候鸿雁来。鸟从北向南飞，大曰鸿，小曰雁。白露时节，北方的天气开始变冷，温度已不适合候鸟的生存，于是它们便南飞避寒。由此可见，白露实际上是天气转凉的象征。

二候玄鸟归。玄鸟指燕子。燕子是一种候鸟。每到白露时节，庄稼收割了，气温降低了，燕子的食物也减少了，于是燕子们就开始向南飞行，回到自己南方的家。

三候群鸟养羞。三兽以上为群，群者，众也。“羞”字同“馐”，指美食；养羞指储藏食物。百鸟开始贮存干果粮食以备过冬。

二、城市物种

（一）惊艳、悲情又神秘的石蒜

【科属】

石蒜科石蒜属。

【形态特征】

多年生草本。

【趣闻乐见】

石蒜常野生于阴湿山坡和溪沟边，是一种优良的宿根草本花卉，也是东亚常见的园林观赏植物。夏秋开花，秋末叶片始发出，冬季叶片常绿。因为它的花叶不同时，可以作为阴处绿化或林下地被植物栽培，也可培植在花境、花坛、山石间观赏，作为切花材料也很漂亮。

忽地笑　　边喜英摄

石蒜科里常见的忽地笑和彼岸花，二者很相似，颜色不同，但是实际上却是完全不同的两种植物。

忽地笑也叫作黄花石蒜，由名字可以得知，它的颜色就是黄色的，开花的时候总是金灿灿的，让人感觉花叶俱佳。

彼岸花　　　　陈丹维摄

彼岸花就是指曼珠沙华和曼陀罗华，最主要的就是指曼珠沙华。红色彼岸花曼珠沙华，它的学名叫作红花石蒜；而白色彼岸花曼陀罗华，学名叫作白花石蒜。其实彼岸花主要就是这两个品种。彼岸花也有一些人工培植的其他的颜色，不过不是很常见。

有些朋友可能是从日本的一些动漫和游戏作品中了解到彼岸花的，有的人是从歌曲《彼岸花》中听到的，有的人是从小说《彼岸花》中看到的。总之，各种文学和影视作品提到这个花时，往往都是和死亡、回忆、爱情等相关，更是给彼岸花贴上了悲情又神秘的标签。

彼岸花这个名字是从何而来的呢？在民间，春分前后三天叫春彼岸，彼岸花长叶，秋分前后三天叫秋彼岸。彼岸花开花，花开时看不到叶子，有叶子时看不到花，花叶两不相见，生生相错，因此才有“彼岸花，开彼岸，只见花，不见叶”的说法。再加上，彼岸花的花朵和色彩都极美，就像两只手掌在向上祈求神灵一样，给它的故事性又增加了一份魔幻。

（二）叶如鸡爪、果如蜻蜓的鸡爪槭

【科属】

槭树科槭属。

【形态特征】

落叶小乔木。

【趣闻乐见】

鸡爪槭是城市非常好的行道和观赏树种，是园林中的观赏乡土树种。在园林绿化中，常把不同品种培植于一起，形成色彩斑斓的槭树园；也可在常绿树丛中杂以槭类品种，营造“万绿丛中一点红”的景观。

鸡爪槭果　　边喜英摄

鸡爪槭最引人注目的观赏特性是叶色的变化。春季，鸡爪槭叶色黄中带绿，呈现出温色系特征，活跃、明朗又轻盈。夏季，鸡爪槭变得密实，树形浓荫，叶色深绿，呈现出冷色系特征，给炎炎夏日带来清凉。秋季是观赏鸡爪槭的最佳季节，树叶艳红，非常抢眼。进入冬季，鸡爪槭叶片落光，枝条曲折，飘逸多姿。

鸡爪槭花　　边喜英摄

我最喜爱鸡爪槭的果实——像极了蜻蜓的翅膀，作为翅果的一种，飞行时旋转飘逸。我们小时候玩的竹蜻蜓是它的仿生娱乐产品。

与鸡爪槭形态相近的还有红枫。红枫是鸡爪槭的一个栽培品种，其叶片常年是红色的。有些朋友在秋季的时候不太能区分红枫和鸡爪槭。这里介绍两个方式。一看枝干。红枫的根茎枝干是红褐色的，而鸡爪槭的枝干则通常是绿色的；红枫的枝干粗而硬，而鸡爪槭的枝干细而柔软。二看叶片。鸡爪槭叶片别具一格，带齿状鸡爪模样，也因此得名，它的裂片长超过全长之半，但不深达基部；而红枫的裂片裂得更深，几乎达到基部。

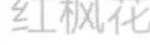

红枫花　　边喜英摄

红枫　　边喜英摄

（三）有着天蓝色翅膀的灰喜鹊

【科属】

雀形目鸦科灰喜鹊属。

【形态特征】

成鸟体长 32~40 厘米。

灰喜鹊　　童雪峰摄

【分布与习性】

分布于东亚大部分地区（知名亚种）及伊比利亚半岛（Cooki 亚种）。国内见于东部、中部地区以及海南，为留鸟；我国香港和云南部分地区有引种或逃逸个体，但群体数量不稳定。区域性常见于低海拔各种生境（林地、农田、湿地和城市等）。尾巴长，头顶黑色，身体和腹部呈灰色，翅膀和尾部为蓝色。繁殖期在 4~7 月，在树顶上筑巢。

【趣闻乐见】

灰喜鹊是害虫的克星，人们赞誉它为“森林卫士”，它的食物中 85% 是昆虫，而且多是害虫。它最喜欢吃松毛虫和大袋蛾。松毛虫身披毒毛，让人看着后脊背发凉，可是灰喜鹊不怕，它一口衔住松毛虫，然后晃着脑袋，将松毛虫在粗糙的松树皮上蹭来蹭去，一会儿就把松毛虫的毒毛处理干净，这肥美的虫子立即成了它的可口大餐。有人做过统计，一只灰喜鹊一年可以消灭森林害虫 1.5 万条，可以保护 0.2 公顷的树林免受虫害。灰喜鹊的生态价值不容忽视。许多大树高大的树冠都是灰喜鹊和其他鸟儿拥有的空间，那是人类灭虫剂难以达到的高度，所以鸟儿们在那里能够找到生存空间。

灰喜鹊的个体相对较弱，所以比喜鹊更喜欢群居。当有外物试图靠近它们时，只要有一只灰喜鹊发出警报，那么紧接着一群灰喜鹊就会跟着呼应，并且有节奏地撤退，与你保持它们认为的安全距离。在城市绿地、公园、村镇以及平原林地，我们能很容易地发现灰喜鹊的身影。灰喜鹊胆大而凶狠，在繁殖期如果你侵犯它的领域，会上来啄你并发出刺耳的叫声赶你离开。

三、户外观察——植物观察之花

如果刚好有花朵，观察花朵的外形。虽然同一科的植物花朵都会有相似之处，但仔细观察还是会发现些微差异之处。

观察秘密花园里的花

（1）冬天开花的植物有结香、蜡梅、红梅、枇杷等。在你的自然朋友开花的时节，文字描述或图画记录花的容颜。

（2）认识花的各个部位，“解剖”你自然朋友的花，看它有几个部分，用图画记录下来吧。

（3）认识花序，判断你的自然朋友的花序并记录下来。

四、白露习俗

白露茶。爱喝茶的人，一定会想到民间有“春茶苦，夏茶涩，要喝茶，秋白露”的说法。茶树经过夏季的酷热，白露时节正是生长的最佳时期。白露茶既不如春茶那样鲜嫩、经不起泡，也不如夏茶那样干涩味苦，而是有一种特别甘醇的清香味，尤受老茶客喜欢。再者，家中储存的春茶已基本消耗得差不多了，此时白露茶正上市，因此到了白露前后，爱喝茶的人就喜欢买点儿白露茶品茗。

白露茶　　丁页手绘

白露米酒。湖南资兴兴宁、三都、蓼江一带历来有酿酒习俗。每年白露节一到，家家酿酒，待客接人必喝“土酒”。白露酒用糯米、高粱等五谷酿成，略带甜味，酒温中含热，故称“白露米酒”。

白露米酒　　丁页手绘

秋分

公历 9 月 22~24 日交节。

秋分的到来预示着秋意渐浓，预示着我国大部分地区已经进入凉爽的秋季，而后气温逐渐降低，越发寒冷。

一、秋分三候

一候雷始收声。古人认为雷是因为阳气盛而发声，秋分后阴气开始旺盛，所以不再打雷了。

二候蛰虫坯户。蛰虫，藏在泥土中冬眠的虫子。由于天气变冷，小虫开始藏入穴中，并且用细土将洞口封起来以防寒气侵入。

三候水始涸。是说此时降雨量开始减少，由于天气干燥，水汽蒸发快，所以湖泊与河流中的水量变少，一些沼泽及水洼便处于干涸状态。

二、城市物种

（一）羞涩的蓝宝石——麦冬

【科属】

天门冬科沿阶草属。

【形态特征】

常绿草本。

【趣闻乐见】

麦冬指的是沿阶草，但中药里说的麦冬主要是沿阶草的块根。我非常喜欢沿阶草的宝蓝色果实，但是它很害羞，果子和花都是藏在叶子里的，不扒开叶子是看不到的。但扒开它的叶子，呈现出让观者惊叹的蓝宝石颜色。沿阶草在城市中大量种植，它的全草药用价值不可忽视，尤其它膨大的呈纺锤形的肉质块根，大者可长达 3.5 厘米以上，椭圆形的珠状根有清热解毒、养肺润肠的功效和作用。

麦冬花　　边喜英摄

还有一个与沿阶草形态相近的山麦冬，也常常在城市绿化带中见到。山麦冬是天门冬科山麦冬属的植物，叶子要宽于沿阶草，果实成熟时为黑色。

麦冬果实　　边喜英摄

金边阔叶山麦冬花 边喜英摄

与麦冬特别不一样的是花和果实“大方”地伸出叶外，豪放大气，故我常常说麦冬为女、山麦冬为男。山麦冬在园林中应用历史悠久。由于其叶线形流畅而飘逸，花色淡紫高雅，远观如兰，其根系发达，耐旱，适应性强，可在多处生长，是拓展绿化空间、美化景观的优选地被植物。山麦冬可片状形成绿化带，花期似浪漫的薰衣草，盆栽孤植簇状而立，观赏性不亚于兰而又易于养护。

（二）栾树

【科属】

无患子科栾属。

【形态特征】

落叶乔木或灌木。

【趣闻乐见】

当秋意已起，枫叶尚青、银杏未黄的时候，点缀这一时节的，是沿街的一棵棵栾树。在秋日瓦蓝明净的碧空之下，栾树枝头最为热闹，绿的叶、黄的花、红的果，一阵风吹来，不同色块相互碰撞，金色的花蕊缤纷掉落，“簌簌衣巾落栾花”。它的蒴果中空，三片三角形果皮包裹在一起，形似圆锥形灯笼，成熟时红褐色或橘红色常被称为“灯笼果”。

黄山栾 边喜英摄

浙江常见的黄山栾是栾树的一个变种。黄山栾喜温暖，多分布于南方；而栾树喜寒冷，多分布于北方。黄山栾春季嫩叶多为红叶，夏季黄花满树，入秋叶色变黄、果实变

栾树花、果实　边喜英摄

红，似一串串元宝，风吹过摇摇曳曳，也因此得名“摇钱树”。

栾树除观赏价值外，还对粉尘污染、二氧化硫等具有较强的抗性，被誉为城市的“空气净化器”。栾树虽美，也有让我厌烦的事情，就是春天和秋天的时候，树下会有很多黏黏的、黑黑的“汁液”——走路时粘鞋底，被路过的行人踩踏后会留下一片片黑色的污迹，雨水也冲不干净。如果汽车在树下停留，往往早上起来车身、车玻璃上有不少像油脂一样的黏液，用纸擦不掉，飞虫落下时，会被粘在车上，无法起飞。园林和林业局专家称这些黏液是“栾树滴油”——栾树上蚜虫的分泌物，这些分泌物对人体无害。

（三）林间的“小凤凰”——红嘴蓝鹊

【科属】

雀形目鸦科蓝鹊属。

【形态特征】

成鸟体长 53~68 厘米。

红嘴蓝鹊　童雪峰摄

【分布与习性】

分布于东亚、喜马拉雅山脉南部部分地区和东南亚。国内广布于除东北和新疆、西藏、青海、台湾之外的广大地区，包括海南。为区域性常见留鸟。红色嘴部非常醒目，黑色头部，颈部、背部和尾部都是蓝色，腹部白色，尾很长。一般活动于海拔3500米以下的林地、湿地、农田、村落、城市等各种生境。常集30只以下的小群活动，喜短距离滑翔，性喧闹，不甚惧人。攻击性强，常主动攻击猛禽。

【趣闻乐见】

红嘴蓝鹊，是鹊类中鸟体最大和尾巴最长、羽色最美的一种鸟，展翅有凤凰之姿，滑翔有海鸥之韵，令人惊艳。李商隐诗云：“蓬山此去无多路，青鸟殷勤为探看。”诗中的青鸟，指的就是红嘴蓝鹊。在中国神话传说中，它是西王母的信使。它是幸福、长寿、吉祥、快乐、爱情的使者。

红嘴蓝鹊是乌鸦的近亲，有荤素兼容的食性，以植物果实、种子及昆虫为食。既吃地老虎、金龟子、蝼蛄、蝗虫、毛虫等严重危害庄稼作物的昆虫，也食植物的果实和种子，有时还会凶悍地侵入其他鸟类的巢内，攻击并吃它们的幼雏和鸟卵。因为敢于斗蛇吃蛇，湘西一带人又称它为“蛇鸟”。我曾经在杭州植物园看见它们集群发现蛇类后昂首高叫，呼唤同伴一起围猎搏斗，最终置蛇于死地。

三、户外观察——植物观察之果

每种植物的果实都有各自不同的形态样貌，观察果实也是重要的线索之一。

观察秘密花园里的果实

在你的秘密花园里，找到结有果实的植物，用文字描述或图画记录果子的模样。认识果实种类，判断你的自然朋友的果实是哪一种。

四、秋分习俗

送秋牛。秋分时节，民间有送秋牛图的风俗。把二开红纸或黄纸印上全年农历节气，还要印上农夫耕田图样，名曰“秋牛图”。送图者都是些民间善言唱者，主要说些秋耕和吉祥不违农时的话。每到一家更是即景生情，

送秋牛　　丁页手绘

见啥说啥，说得主人乐而给钱为止。言辞虽随口而出，却句句有韵动听。俗称“说秋”，说秋人便叫“秋官”。

放风筝。秋分时节，还是孩子们放风筝的好时候。市场上有卖风筝的，多比较小，适宜于小孩子们玩耍。自己糊的风筝较大。放时还要相互竞争看哪个放得高。

放风筝　　　　丁页手绘

寒露

公历10月8~9日交节。

“寒露”的意思是，此时气温比“白露”时更低，地面的露水更冷，快要凝结成霜了。“寒露”节气是天气转凉的象征，标志着天气由凉爽向寒冷过渡，露珠寒光四射。

一、寒露三候

一候鸿雁来宾。客止未去，是为来宾。秋愈深，天愈寒了，鸿雁一如北方来客，在南方久久停驻而不去。

鸿雁　　童雪峰摄

二候雀入大水为蛤。深秋天寒，鸟雀飞而不见。此时海边突然出现很多蛤蜊，贝壳的条纹及颜色与雀鸟相似，古人便以为是雀鸟幻化所致。

三候菊有黄华。草木皆华于阳，独菊华于阴。深秋之际，百花皆败，却独独菊花在寒风中傲然绽放。

二、城市物种

（一）娇小玲珑、香气扑鼻的桂花

桂花新叶　　　　边喜英摄

【科属】

木犀科木樨属。

【形态特征】

常绿乔木或灌木。

【趣闻乐见】

桂花清可绝尘，浓能远溢，堪称一绝。尤其是仲秋时节，丛桂怒放，夜静轮圆之际，把酒赏桂，陈香扑鼻，令人神清气爽。在中国古代的咏花诗词中，咏桂之作的数量也颇为可观。桂花自古就深受中国人的喜爱，被视为传统名花。

桂花有许多品种，人们根据颜色和开花时节常分为金桂、银桂、丹桂、四季桂等。在这里面最香的是银桂，丹桂颜色最艳，金桂次之，而四季桂常常开花，味道不香，颜色不艳，所以说大自然是公平的。

银桂9月上中旬开花，花色乳黄至柠檬黄，香气浓郁，不结实。金桂秋季开花，花色黄，有浓香，不结实。丹桂秋季开花，花色较深，橙黄、橙红至朱红色，气味浓郁。四季桂每年9月至次3月分批开花，花色较淡，为乳黄色至柠檬黄色，花香不及银桂、金桂、丹桂浓郁。

桂花　　边喜英摄

桂花在杭州种植还是比较多的，毕竟是杭州的市树。你如果在9~10月走在杭州，管你是否愿意，自然都会很霸道地给你做场桂花SPA。桂花的香含有烯、酮、醇等芳香类物质，它们大部分具有很强的挥发性，因此在一定范围内都会闻到香味。也就是说，桂花的花中含有丰富的挥发油。

我们中秋赏月的时候，常常提到月宫里的桂树。要知道古代尊崇道教，渲染神仙之说，这月桂树的种子，也就蒙上了高贵迷离的色彩。

桂花结的果实，称为桂子，也叫桂花树子、四季桂子，果实长卵形，甚是好看，成熟后为黑色或紫黑色。

桂花果实　　边喜英摄

（二）此梧桐非真梧桐的悬铃木

【科属】

悬铃木科悬铃木属。

【形态特征】

落叶乔木。

【趣闻乐见】

说起悬铃木，大概很多人会觉得陌生，连连摇头“不认识，不认识”，但它在我们城市行道树中是非常常见的。有人叫它“梧桐”“法国梧桐”。其实，这种植物既不是“凤栖梧桐”的梧桐，也不一定产自法国，而是学名悬铃木中的一种。

悬铃木之叶　　边喜英摄

悬铃木高大健壮，树冠开阔，枝繁叶茂，是著名的优良庭荫树和行道树，素有“行道树之王”的美称。原产东南欧、印度和美洲。根据悬铃木果序柄上悬挂的球果数量不同（有的 1 个果球，有的 2 个果球，有的 3 个及以上果球），分别叫作一球悬铃木、二球悬铃木和三球悬铃木。这三种悬铃木在我国都有引种栽培。实际上，一球悬铃木多见于美洲，也叫美洲悬铃木；二球悬铃木，也叫英国悬铃木、伦敦大叶树；三球悬铃木在中国植物志中查询是法国梧桐，也有记载是产于印度，传说公元 5 世纪当时的印度高僧鸠摩罗什携两棵此树到我国传播佛教。

（三）头戴发冠的“黑将军”——八哥

【科属】

雀形目椋鸟科八哥属。

【形态特征】

成鸟体长 23~28 厘米。

八哥　　童雪峰摄

【分布与习性】

分布于东亚及东南亚地区。国内见于黄河以南大部分地区，为常见留鸟。黑色鸟类；成年鸟额头有一撮竖起的黑色羽毛，是辨认要点；翅膀下有两块白色斑块，像“八”字；嘴是淡黄色的；行走时昂首挺胸，和乌鸫的行走方式明显不同。栖息于低海拔开阔地带。适应力强，在多个城市中形成了稳定种群。常常结小群生活，很吵闹。常见于农田旷野或者城镇及花园。杂食性，但以昆虫为主食。繁殖期在 4~7 月。在屋檐下、树洞内筑巢，有时就入住喜鹊或其他鸟的旧巢。

【趣闻乐见】

八哥，又称“黑八哥”“中国凤头八哥”。全身羽毛黑色而有光泽，嘴和脚橙黄色，额前羽毛竖立如冠状，尾羽有白色羽端，两翅有白色翼斑，飞翔时更为明显，从下面看如同一个“八”字，所以人们称它为“八哥”。

古人则把八哥称为“鸲鹆”（qúyù）。宋人周敦颐写有一首《鸲鹆》诗：“舌调鹦鹉实堪夸，醉舞令人笑语哗。乱噪林头朝日上，载归牛背夕阳斜。铁衣一色应无杂，星眼双明目不花。学得巧言虽不爱，客来又唤仆传茶。”想来那只能替主人招呼客人的八哥一定是大儒周敦颐的掌上明珠吧！

八哥最具魅力的还要数它们婉转多变的叫声，即便不是在求偶期，也会使用各种叫声来进行交流，有时你甚至会觉得它们很贫……一群八哥“聊天”时，是非常聒噪的，几乎掩盖了周围所有的鸟叫。而在求偶期时，那种聒噪还要加个更字，它们甚至会把其他鸟的叫声以及人类活动发出的声音加到自己的“播放列表”中。

三、户外观察——鸟类观察

“回归自然鸟引路。”观鸟旅游者走进大自然，不仅能够欣赏鸟类的美丽和集群的壮观，领略鸟类丰富之中的和谐，而且通过鸟类迁徙活动观察到鸟类的本能与智慧，启发人们的爱心，由爱鸟而爱生命，直至关心一切生灵万物，达到人与自然生态环境永久的和谐。

现代观鸟一般指人们利用望远镜等光学设备，在尽可能避免惊扰鸟类的情况下，对野生鸟类及其生存环境进行观察和记录。观鸟活动的内容包括观察鸟类的形态、鸣叫等特征，并据此辨别鸟的种类，观察鸟类的取食，栖息、繁殖、迁徙等行为，了解鸟类与其生存环境的关系，以及一定区域内鸟类种群的动态变化等。

观鸟活动具有休闲性和科学考察性，这两种特性的相互渗透决定了观鸟活动适合各个阶层、各个年龄段的人群。观鸟以学习观察方法、增长知识和培养环境意识为主，是环境教育的主要手段。

观察任务

观察城市里的常见鸟，看其大小、生境、行为

寻找鸟的方法是“耳聪目明”，主要有“听鸟声”和“发现追踪”两种方法。例如，在野外听到鸟的叫声，便向声音的方向观察，如果地点太远，可以慢慢靠近。当发现鸟的飞行动作后，应立即用眼睛跟踪飞行线路，等鸟停下来时，马上用望远镜仔细搜索。

我们看鸟类图鉴的时候，往往会有鸟的体长 ×× 厘米。那鸟的体长怎么测量呢？测量鸟的身体长度时，将鸟体仰卧平展，测量从嘴尖至尾端的长度。往往当我们看到一只鸟时，我们看到的就是个剪影。由于鸟类的生活环境和习性会促使它们进化出相似的形态特征，所以剪影也能帮助我们识别鸟类。熟悉身边常见的鸟类大小和轮廓，与之比较，就能准确描述和快速认知。

不同生境生活的鸟种是不一样的。例如，猛禽乘着热气流在山区高空翱翔；小河和溪流是鹡鸰、燕尾、水鸲等溪流鸟类活动的地方；村庄附近是麻雀、燕子们的家园；水田和开阔地，有鹤类觅食；树林不同高度都有鸟儿栖息，啄木鸟在树干上忙碌，灌丛和周边常有鸦雀和雉鸡；滩涂和草甸是鸻鹬（héngyù）类和雁类的乐园；鹭类在浅水中守候捕鱼；野鸭们在芦苇边的水中嬉戏，大型游禽在深水区域游弋等。

四、寒露习俗

吃花糕。由于天气渐冷，树木花草凋零在即，古人谓此为“辞青”。九九登高，还要吃花糕，因“高”与“糕”谐音，故应节糕点谓之“重阳花糕”，寓意“步步高升”。

花糕　丁页手绘

饮菊花酒。寒露与重阳节接近，此时菊花盛开，

为除秋燥，某些地区有饮“菊花酒”的习俗。这一习俗与登高一起，渐渐移至重阳节。在寒露这天，古人还要取井中的水用来浸造滋补五脏的丸药或药酒。古书记载：“九月九日，采菊花与茯苓、松脂，久服之，令人不老。”重阳时节，插茱萸、饮菊花酒，可使身体免受初寒所致的风邪。

饮菊花酒　　丁页手绘

吃芝麻。寒露到，天气由凉爽转向寒冷。根据中医“春夏养阳，秋冬养阴”的四时养生理论，这时人们应养阴防燥、润肺益胃。于是，民间就有了“寒露吃芝麻”的习俗。

吃芝麻　　丁页手绘

公历 10 月 23~24 日交节。

霜降含有天气渐冷、初霜出现的意思，是秋季的最后一个节气。霜降时节，养生保健尤为重要，民间有谚语“一年补透透，不如补霜降”，足见这个节气对我们的影响。

一、霜降三候

一候豺乃祭兽。“豺乃祭兽”这个词，最早出现在《逸周书》中：“霜降之日，豺乃祭兽。”意思是说，豺狼开始大量捕获猎物，捕多了吃不完的就放在那里，用人类的视角来看，就像是在“祭兽”——用自己捕获的食物感谢大自然的馈赠。

二候草木黄落。秋尽百草枯，霜落蝶飞舞。秋天，西风漫卷，催落了叶，吹枯了草。逐渐寒冷的气候，将大自然所有的生命力进行了一次次毁灭性的摧残。与此同时这也是在为来年的生机勃勃做准备。

三候蛰虫咸俯。蛰虫也全在洞中不动不食，垂下头来进入冬眠状态中。此时的大自然，是一种寂静的美。经过了生机勃勃的春，热闹蓬勃的夏，收获喜庆的秋，生命轮回，又进入休眠的状态。

二、城市物种

（一）形似牡丹、凌霜绽放的木芙蓉

【科属】

锦葵科木槿属。

【形态特征】

落叶灌木或小乔木。

【趣闻乐见】

落叶灌木或小乔木，小枝、叶柄、花梗和花萼均有细绵毛，摸上去软绵绵的，手感不错。叶片长 5~7 裂，白色的叶脉极为清晰，直达每一裂的叶端，有放射的美感。木芙蓉开花时白色或淡红色，随着花瓣内花青素浓度的变化，颜色逐渐加深，最后变成深红。

木芙蓉一般盛开于秋季，多生长在临水之地。我们如今常见的木芙蓉多是重瓣的，它的原变型其实是单瓣的。花萼钟形，5 枚裂片，简单干净，和重瓣的千门万户完全不同。无论重瓣与否，花开时颜色都差不多。入了冬，枝上只剩下光光的梗与枯败的宿果，果壳酷似棉花壳，剪一枝摆在书案上，仿佛把秋冬留在了身边。

木芙蓉　　边喜英摄

（二）黄色的小折扇——银杏

【科属】

银杏科银杏属。

【形态特征】

落叶乔木。

【趣闻乐见】

银杏雌雄异株，雄株的主枝与主干间的夹角小，树冠稍瘦，且形成较迟，叶裂刻较深，常超过叶的中部，秋叶变色期较晚，落叶较迟，着生雄花的短枝较长；而雌株主枝与主干间的夹角较大，树冠宽大，顶端较平，形成较早，叶裂刻较浅，未达叶的中部，秋叶变色期及脱落期均较早，着生雌花的短枝较短。

银杏树是孑遗植物——由于地质地理气候变化等原因灭绝之后幸存下来的古老植物，一科一属一种，银杏也被称为植物界的“活化石”“植物界的熊猫”。据研究，现存的银杏其历史可追溯到7000万年以前的古新世（第三纪早期）。银杏的价值不仅在于它能跨越“有史时期”而生存下来，更重要的是它能在这漫长的“地质时期”保持物种的遗传稳定。

银杏是我国一种特有的裸子植物，早已在我国山林中生长，但人们认识它，并给它起名称是在宋朝。那时银杏作为贡品纳进，因为它的种子形似杏，而核色白，皇帝才赐名为银杏。到了明朝，因用其去了肉质外皮的种子做药用，故李时珍在《本草纲目》一书中，又称其为“白果”。到了民国初期，又有人称其为“公孙树”，这是因为银杏生长缓慢，寿命极长，自然条件下从栽种到结银杏果需要二十多年，四十年后才能大量结果，有“公种树而孙得食”的说法，故称其名。

银杏叶　边喜英摄

银杏树无病虫害，不污染环境，

是著名的无公害树种。树体高大，树干通直，姿态优美，春夏翠绿，深秋金黄，季相分明且有特色，是理想的园林绿化、行道树种。由于银杏是我国特有树种，因此我国许多市县将银杏定为市树、县树，如成都市、丹东市、湖州市、临沂市等。

（三）长相像喜鹊、歌喉如歌鸲的鹊鸲

【科属】

雀形目鹟（wēng）科鹊鸲（qú）属。

【形态特征】

成鸟体长 18~22 厘米。

鹊鸲　童雪峰摄

【分布与习性】

常见的留鸟，栖息于包括城市在内的各种生境，常出现在居民区和林地等地。黑白色的中等体型鸟类。纯黑（阳光下略带蓝色光泽）纯白的是雄鸟，灰黑纯白的是雌鸟。停栖于树干时有不停翘尾巴的动作，极易辨识。食物以各种昆虫为主，也吃蜘蛛和植物种子。繁殖期在 3~7 月，筑巢于屋顶、洞穴、石缝等处，巢由草茎、细根、树皮和枯叶构成，每窝产卵 4~5 枚。

【趣闻乐见】

平时成对或三五成群生活。性情活泼，栖息的时候尾巴常常上下扇动，作出各种姿态。能在地上奔走觅食，也可以在飞行中捕食昆虫。飞行呈波浪形，向上飞时常一连数鸣。鸣声婉转多变，悦耳动听。能模仿其他鸟的叫声。

鹊鸲是长江以南地区常见的留鸟，雄鸟外观如同一只小型的喜鹊，因而有人把它称为南方喜鹊。“鹊鸲”一名，寓意着它长相像喜鹊，歌喉如歌鸲。因为它经常在猪圈、牛栏、茅坑等处觅食，于是又被冠上粪雀、屎坑雀、猪屎渣之名。也有人把它称为“四喜”。

三、户外观察——鸟类观察

春季和初夏的清晨，在环境合适的区域，经常会出现百鸟和鸣的景象，令人叹为观止。诗人认为这是鸟儿纯粹的欢乐情绪的表露，而科学家的解释有四种：①这时天还很黑，很难发现食物，与其浪费精力觅食，不如管理一下领地。②雌鸟的生殖力在黎明时最强，因此雄鸟必须多花点儿心思。③黎明时分通常是气象条件相对较好的时候，这时噪声、风、大气干扰相对较少。④清晨存在逆温现象，即受到上方暖空气层的阻隔，冷空气会滞留在离地面更近的地方。鸟鸣声是通过冷暖气流的交界处反射的，因此鸟鸣声能传得更远。

观察任务

观察经常看到的一种城市常见鸟，辨别它的声音和行为

鸟类是野生动物中最为庞杂的类群，它的鸣声行为与人类近似，表达喜怒哀乐。按照功能划分，为鸣唱与叫声两大类。

鸣唱的音节多，比较有变化。有表达愉悦心情、宣示领域的作用，另外在繁殖季节，鸟会发出婉转悦耳的歌声，主要是为了求偶和抚慰繁殖中的配偶。多数种类都是雄鸟独唱、雌鸟聆赏，有些则是雄鸟唱、雌鸟应和，少数种类的雌鸟也有鸣唱行为。

鸟类的叫声比较单调、短促，有的是连续重复的单调声。不同的情境叫声都不一样，有些是一种叫声代表多种含义，大致有以下几种情况：

（1）示威。提醒竞争者“闲人免进”，一般是雄鸟防卫领域的叫声之一。有时也展现威吓的叫声与姿态，用来驱赶天敌。

（2）联络。个体间联系、叫唤的声音，像成群麻雀的叽叽喳喳声，夜鹭夜间联络的引导声，鸟妈妈呼唤孩子的声音等。

（3）乞食。嗷嗷待哺的幼鸟告诉妈妈：“我肚子饿了。”繁殖前期也常见雌鸟对着雄鸟发出乞食叫声。

（4）警告声。指鸟类发现天敌时所发出的叫声，叫声急切或高亢。急切时叫声节奏快而密集，高亢是指叫声频率或宽或高，听起来尖锐或刺耳。警告声没有种类的限制，一只鸟儿发出警告，附近的任何鸟类听到声音，都能立即作出反应。甚至松鼠也能听懂鸟类的警告声，鸟类也能意会松鼠的报警信息。为何同地域分布的所有鸟类，还有鸟类与松鼠间，都能理解对方的警示呢？这是弱小生物进化的结果，建立“小区生命共同体”有助于降低被天敌猎捕的概率。

四、霜降习俗

吃红柿子　　丁页手绘

霜降时节，天气越发寒冷，民间食俗也非常有特色。

吃红柿子。柿子是非常不错的霜降食品。在一些地区的人看来，吃红柿子不但可以御寒保暖，同时还能补筋骨。对于这个习俗的解释是：霜降这天要吃柿子，不然整个冬天嘴唇都会裂开。泉州的老人对于霜降吃柿子的说法是：霜降吃丁柿，不会流鼻涕。

吃牛肉。不少地方都有霜降吃牛肉的习俗。例如，广西玉林这里的居民习惯在霜降这天，早餐吃牛河炒粉，午餐或晚餐吃牛肉炒萝卜，或是牛腩煲之类的来补充能量，祈求在冬天里身体暖和强健。另外，秋天可以吃羊肉和兔肉进补。因此，民间就有“煲羊肉”“煲羊头”“迎霜兔肉”的食俗。

吃牛肉　　丁页手绘

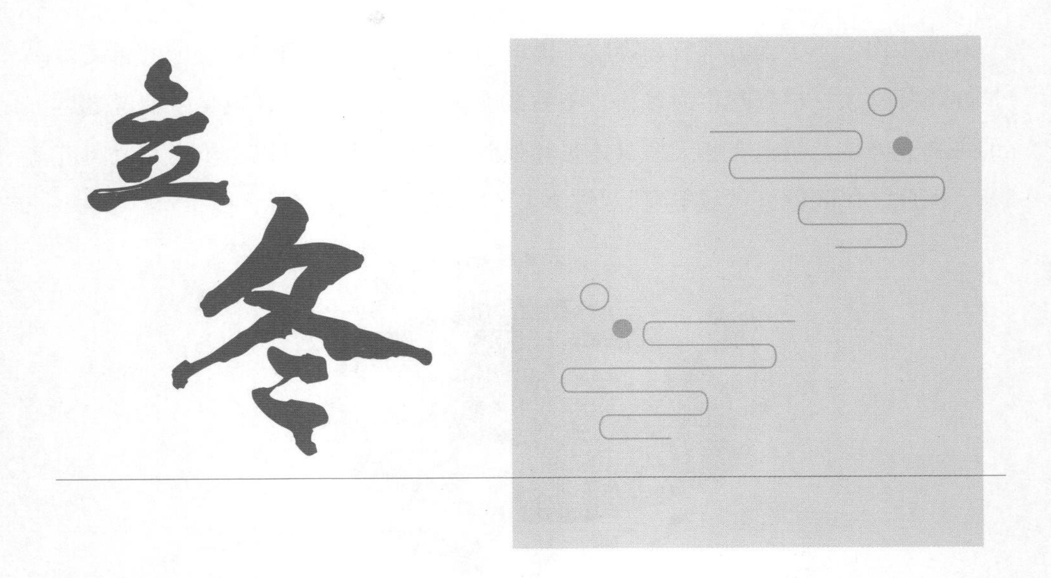

立冬

公历 11 月 7~8 日交节。

立冬是二十四节气之一。《月令七十二候集解》:“立冬，十月节。立字解见前。冬，终也，万物收藏也。”意思是说，秋季作物全部收晒完毕、收藏入库，动物也已藏起来准备冬眠。民间习惯以“立冬”为冬季的开始。

一、立冬三候

一候水始冰。水已经能结成冰。立冬后黄河、淮海一带的气温变低，水面上开始结冰。

二候地始冻。立冬后，秦岭—淮河线以北的地区开始变得寒冷，土地开始冻结。

三候雉入大水为蜃。“雉”指大鸟，“蜃”为大蛤。意思是说，立冬后，大鸟几乎销声匿迹了，而在海边却可以看到外壳与大鸟的线条及颜色相似的大蛤。所以古人认为雉到立冬后便变成大蛤了。

二、城市物种

（一）上下有犄角的枸骨

【科属】

冬青科冬青属。

【形态特征】

常绿灌木。

【趣闻乐见】

枸骨又名猫儿刺、老虎刺、八角刺、鸟不宿、构骨、狗骨刺等。常绿灌木或小乔木，叶片厚革质，花淡黄色，果球形，直径8~10毫米，成熟时鲜红色。花期在4~5月，果期在10~12月。产于我国，欧美一些国家植物园等也有栽培。常生于海拔150~1900米的山坡、丘陵等的灌丛中、疏林中以及路边、溪旁和村舍附近。

枸骨　　边喜英摄

枸骨树形美丽，果实秋冬红色，挂于枝头，可供庭园观赏；根、枝叶和果可入药；种子含油，可作肥皂原料；树皮可作染料和提取栲胶；木材软韧，可用作牛鼻栓。

如果你留意传统的圣诞节花环，你会发现它是用一种叶子上长有尖刺的植物枝条扎成的。有的朋友说这种植物就是枸骨。如果你是一位观察细致的自然爱好者，你应该发现欧洲传统圣诞花环里的“枸骨”，叶片并非呈四角形，而是椭圆形的叶片，叶缘有多枚叶刺。这个是与枸骨相似的叶冬青。在阴冷肃杀的冬季，叶冬青不仅绿叶茂密，还会结出缀满枝头的红珊瑚珠般的果实，绝对具有令人难以忽视的美貌。据说，古时的欧洲人还相信这种植物具有驱逐邪灵的神力。用它扎成的圆环，圣诞节挂在门口，不仅是冬日里暖心的装饰，还具有保护家人平安的神力。

（二）满城尽是黄金甲的无患子

无患子全景　　边喜英摄

【科属】

无患子科无患子属。

【形态特征】

落叶乔木

【趣闻乐见】

无患子是观叶行道树。秋季时树叶全黄，在蓝天的映衬下非常漂亮。果实和我们平时吃的桂圆非常像，不过它可不能吃。最广为人知的是，果实可作洗涤用。资料上说“无患子果皮含无患子皂苷，可制造天然无公害洗洁剂，用于日常洗涤”。无患子果实只要兑一点点水，就能搓出一手的泡沫，并且还有着不错的香味。因此，人们也把它叫作肥皂果。在物资匮乏的年代，人们常常会用它来洗头。古人认为，无患子木材制成的木棒、木剑有驱魔杀鬼的功能，这可能是它名字的来源。无患子的种子可以制作手链，并且是“菩提子”之一。

无患子果　边喜英摄

无患子花　边喜英摄

（三）戴有白色“项链”的领雀嘴鹎

【科属】

雀形目鹎科雀嘴鹎属。

【形态特征】

成鸟体长 17~21 厘米。

领雀嘴鹎　童雪峰摄

【分布与习性】

分布于东南亚北部及东亚。国内见于华南、华东、西南等地区。为常见留鸟。绿色的，看上去比白头鹎稍胖些的鸟类。背部和尾部橄榄绿（尾部末端为黑色），腹部灰绿，头部黑色，脖子处有一圈明显的白色，嘴为象牙白色。常栖息于海拔 400~1000 米的低山丘陵、山脚平原的次生植被、林缘灌丛、果园等地带，有时亦见于海拔 2000 米左右的山地森林和林缘地带。常集小群活动。

【趣闻乐见】

领雀嘴鹎似乎对花卉有天然的兴趣。每年的 3 月，桃树、李子树和樱桃花开放时，只见满树繁花，走过这些树木时，能闻见淡淡的花香，稍稍停一下脚步，就能听见它的叫声，循着叫声看去，便看见它们三五成群栖在繁花盛开的枝头，寻找蓓蕾，然后啄食，有时也把盛开的花瓣撕下来，大饱口福。大概花朵里含有大量的花蜜吧。有时雄鸟还会口衔花朵，递给雌鸟，两只享用完花朵后，会依偎在开满花的樱花枝头，休息很长的时间。

三、户外观察——鸟类观察

鸟类需要“两室一厅一厨一卫”的房子吗?

鸟类大多时候是不需要房子的。它们随便什么树枝上都能熟睡，不需要床铺。平时只有一身衣服，洗晒方便不必更换，不用衣柜。不需要餐室，可以随便什么地方用膳。不需要厨房，因为它们的食物是生吃的。鸟类只有一个时节需要一个家，就是当它们有孩子的时候。当它们的孩子还未开眼、未长出羽毛，还不能飞翔的时候，需要一个温柔的摇篮。所以成鸟在春天的时候，第一件事就是寻觅一块适宜的地方，建造一个生儿育女的暖巢。

那鸟的巢和人的房子功能一样的吗?

从广义来说，一个巢穴是成鸟产卵、孵化幼鸟，并且（对于某些鸟来说）抚养幼鸟直至幼鸟长大离开的地方。动物筑巢都出自同样的原因：使自己不受恶劣天气的侵害；保障安全、躲避天敌；建造一个便捷场所，顺利完成孵蛋、喂雏等。

看看鸟儿是怎么睡觉的

鸟是站着睡还是躺着睡呢？

如果是站着睡，为什么鸟在睡觉时，不会从栖息的树枝上摔下来？

鸟有使脚爪蜷缩的筋，通到脚踝关节后面。鸟栖息时，身体重量便压弯这个关节，那些筋就立刻把脚爪扭成一个紧绷绷的弯钩，自动抓紧栖木。

鸟的“脚”其实只是脚趾。我们通常说的鸟类“大腿”实际上相当于人类的小腿，所说的小腿其实相当于人类的脚掌。一般人有同样的脚和足趾数，但鸟类则不尽然。大部分鸟类有4趾，有些则只有3趾，最少就只有2趾。

因功用的不同，可把鸟类的脚分三种：第一，好比我们的手，能够握住树木，我们就称它为栖止足；第二，只能像人类的脚那样，不能把握，称为爬抓足；第三，和上两种都不相同，却好似一柄划船的桨，称为游泳足。

各种鸟类的趾端，都有修长尖锐的爪。

四、立冬习俗

迎冬。古时立冬之日，天子有北郊迎冬之礼，并有赐群臣冬衣、矜恤孤寡之制。后世大体相同。立冬前三天，负责天象观测记录的官员太史要特地向天子察报：“某日立冬，盛德在水。”于是，天子斋戒三天，立冬这天沐浴更衣，率三公九卿大夫到京郊六里处迎接冬气。迎回冬气后，天子要对为国捐躯的烈士及其家小进行表彰与抚恤。

拜冬。该习俗始于汉代。东汉崔寔《四民月令》中是这样记载的：“冬至之日进酒肴，贺谒君师耆老，一如正日。”到了宋代，每当到了立冬时节，人们就会换新衣，就像过年一样。到了清代，“至日为冬至朝，士大夫家拜贺尊长，又交相出谒。细民男女，亦必更鲜衣以相揖”，“拜冬”因此而得名。后来贺冬的传统风俗变得普遍和简单化了。

拜冬　　丁页手绘

补冬。民间有“入冬日补冬”的食俗。古人认为天转寒冷，要补充身体营养，以抵御冬天的严寒。俗语说“立冬补冬，补嘴空”。补冬在我国北方大部分地区都有吃饺子的食俗，在南方立冬这天补冬的方式是吃些鸡鸭鱼肉等。在我国台湾地区，立冬这一天，街头的羊肉炉、姜母鸭等冬令进补餐厅高朋满座，许多家庭还会炖麻油鸡、四物鸡来补充能量。另外，进补人参、鹿茸、狗肉及鸡鸭炖八珍等，也是较流行的补冬方式。

补冬　　丁页手绘

公历 11 月 22~23 日交节。

小雪是反映天气现象的节令。古籍《群芳谱》中说："小雪气寒而将雪矣，地寒未甚而雪未大也。"《月令七十二候集解》曰："十月中，雨下而为寒气所薄，故凝而为雪。小者未盛之辞。"小雪的到来，意味着冬季降雪即将拉开大幕。小雪节气中说的"小雪"与日常天气预报所说的小雪意义不同：小雪节气是一个气候概念，它代表的是"小雪"节气期间的气候特征，而天气预报中的"小雪"则是指降雪强度较小的雪。

一、小雪三候

一候虹藏不见。这里的"虹"指的就是雨后的彩虹，"虹藏不见"说的是这个时节见不到彩虹，就像藏起来了一样。古人认为，阴阳相交才有虹，小雪时阴盛阳伏，所以虹便不见了。在宋代，人们对虹这一现象的观测有了进一步的认识。沈括的《梦溪笔谈》中写道："虹乃雨中日影也，日照雨则有之。"现代科学认为，夏季，彩虹的出现需要有雨水，需要有日光，由于光的折射，形成了彩虹。小雪节气到来之后，高空的雨水在低温下形成了冰雪，没有了折射日光的条件，所以彩虹也就不会出现了。

二候天气上升地气下降。在我国传统文化里，“天气”为阳气，“地气”为阴气。“气之升降，天地之更用也。”古人用阴阳理论解释天地间的各种自然现象。小雪节气的时候，阳气会上升，阴气会下降，因为阴阳一升一降两者没法相通，难以达到平衡，阴阳失调，故而导致万物没有生机，形成小雪节气万物凋敝的气候特点。

三候闭塞成冬。天气日益寒冷，万物凋敝止息，天地闭塞，毫无生气，从而进入了严寒的冬天。

二、城市物种

南天竺果　　边喜英摄

（一）冬日里的小灯泡——南天竹

【科属】

小檗科南天竹属。

【形态特征】

常绿小灌木。

【趣闻乐见】

虽然南天竹名字中有“竹”字，但南天竹的外貌和竹子相差十万八千里。作为一种常绿小灌木，要南天竹完全长成竹子的外形确实是为难它了。因为南天竹“叶叶相对，而颇类竹”的外形，再加上它的茎干和竹子有点相似，才有了南天竹这个名字。

宋代诗人杨巽斋还为南天竹作了一首诗：“花发朱明雨后天，结成红颗更轻圆。

人间热恼谁医得，正要清香净业缘。”是说南天竹在夏天开着小白花看起来十分温馨，结出来的小红果也格外地讨人喜欢。

（二）挂在树梢的红鱼儿——乌桕

【科属】

大戟科乌桕属。

【形态特征】

落叶乔木。

【趣闻乐见】

乌桕发芽长大都是绿色，待到秋日，乌桕树叶五彩斑斓，叶子全部掉落之后就是白色的果实。哪里有“乌”呢？我百思不得其解。直到我捡起乌桕的果实，像一个小小的贝壳，又像白色的荞麦粒，外面裹着厚厚的一层白色的蜡。抠开外面白色蜡油一样的粉状外衣，便露出黑色盔甲似的小胖黑籽，黑色的硬壳油光发亮。网上查了一下，它的果实煮水确实可以用来涂抹皮肤，滋润肌肤。好神奇！

乌桕果　　边喜英摄

乌桕果壳　　边喜英摄

乌桕花　　边喜英摄

乌桕叶　　边喜英摄

（三）鸟界的小“佐罗”——棕背伯劳

【科属】

雀形目伯劳科伯劳属。

【形态特征】

成鸟体长 23~28 厘米。

棕背伯劳　　童雪峰摄

【分布与习性】

分布于欧洲、东亚、东南亚、南亚等地。国内见于从东北到华南、西南的大部地区及台湾地区。主要为夏候鸟，于广西、广东及台湾等地区越冬。背部为棕色，腹部浅棕色，头顶灰色，两翅外缘黑色，尾部黑色且较长。常栖息于低山丘陵和山脚平原地区的森林和林缘地带，尤喜开阔的次生林、灌木丛和林缘灌丛等地带。主要以甲虫、蝗虫、蛾类等昆虫为食，有时亦捕食蜥蜴、小型鸟类等。

【趣闻乐见】

你一定听说过“劳燕分飞”这个成语吧，“劳”就是伯劳，“燕”指的是家燕。在《乐府诗集·东飞伯劳歌》中说：“东飞伯劳西飞燕，黄姑织女时相见。”元杂剧《西厢记》中也有“伯劳东去燕西飞”一说。夏末秋初，燕子要飞回南方，伯劳要飞去北方，两种鸟儿因生活习性的原因，向不同的方向飞离。后来成语中出现“劳燕分飞”一词，就是说离别。

法国博物学家布封说：“伯劳尽管体形小，可是十分勇敢，它对肉食有强烈的欲望，它甚至可以算作最残酷、最嗜血成性的猛禽。”伯劳拥有的捕杀技能，让它成为雀类中的霸王。它常在树枝和灌木丛的顶部蹲着不动。一旦发现猎物便俯冲而下，一个高速冲刺就能逮住 700 米之外的猎物。俗称小猛禽，性格暴躁而凶猛，体形粗壮。

伯劳的进食方式比较奇特。它们拥有鹰一样强大的捕食能力，喙大而强，上喙前端带有钩和锯齿结构，容易撕裂肉体。伯劳的爪子虽不像鹰爪那样强悍有力，但它会将捕获的猎物挂在树枝尖刺上进行肢解，用尖利的喙将猎物撕咬成肉串，然后慢慢吞食。这种情形很像屠夫在工作，所以人们又称伯劳为“屠夫鸟”“雀中之虎”。在食物充足的时候，伯劳会将猎取的小动物穿在树枝上储藏起来，以备食物缺乏时用。有时食物储藏多了，并且失掉了新鲜味，伯劳也就弃之不管。于是，这些小动物经风吹日晒，便变成了又干又瘪的“木乃伊”。

一只小小的伯劳，毫不畏惧地与喜鹊等比它体大的鸟类斗争，且常常是主动攻击。在与强敌相差悬殊的争斗中，很少见到伯劳屈服于强力，或被强敌掳走，有时会仅仅因为抓敌人太紧，不能松开爪子，而与敌人同归于尽。所以连最勇敢的猛禽，如隼以及乌鸦等都很“尊重”伯劳，不敢去找麻烦。

伯劳的叫声粗粝响亮、激昂有力，但它也经常模仿其他鸟类的悦耳叫声，听起来十分逼真，民间有“赛百灵”之美誉。

三、户外观察——鸟类观察

为什么说野鸟是自然生态的标志？鸟类在生态系统中有着传播种子、授粉、生态管理、自然工程师、生态环境的指南针等作用。

（1）传播灌木和树的种子。鸟类叼食浆果、果子，种子随着它们的粪便而四处散播。斑鸫、松鸦、雀都以此方式散播种子。有鸟儿储藏一些带壳的种子以备过冬，而后却将之丢弃。松鸦就是以此方式播种。

（2）为植物授粉。在热带地区，某些花完全依靠鸟媒授粉。例如，美洲蜂鸟、非洲花蜜鸟以花蜜为食，它们将长喙伸入花朵的管状花冠直至蜜腺部位。就这样，它们将花粉运送到不同的花朵中。

（3）控制虫害鼠害。食虫鸣禽类取食大量蚊子和蚜虫。肉食鸟类每年捕食数以万计的田鼠，从而降低了后者的数量。

（4）分解尸体。看似是一种附属功能，但它在所在地区起了非常重要的作用，为生态财政支出节省了可观的费用。例如，兀鹫以牲畜的尸体、骨骼为食物，大大降低了人们清理这些骨骼残骸的经济成本。

（5）大自然的工程师。鸟类在树洞、树干、树枝、山坡、河岸上凿洞筑巢，它们离开后留下的住所能为其他动物所用。

（6）生态环境的指南针。在实际的生活中，我们能从现象来感知鸟儿对生态系统的重要作用。一个人类生存的地域，倘若鸟儿很少，显然自然生态状态就不怎么样好；倘若一个区域内，过去鸟儿很多，而现在鸟儿少了，无须什么专家学者的调研，显然是生态环境变得糟糕了。

如果路边见到还不会飞的小鸟，可以带回家养吗？

公园里一个孩子对妈妈说："快看，那里有只小鸟，羽毛都没长好，还不会飞呢，肯定是被抛弃了，我们把它带回家救助吧！"时常有人问鸟类专家："今天我在公园里捡到一只小鸟，请问这是什么鸟？怎么养？"

如果您把鸟宝宝抱回家，那你就把它坑惨了。绝大多数情况下，鸟宝宝的父母就藏在附近等着喂它（即使鸟宝宝不慎掉出巢或者刚出巢在学飞），只不过有时由于你站在那儿，导致它的父母藏着不敢出来而已。

野生雏鸟进行自然生存训练是极为复杂的事情。作为非专业人士，你远没有足够的时间、精力、设备和专业知识来做这件事（至于给受伤的雏鸟疗伤，那就更专业了）。因此，如果你并不知道当地野生动物救助机构的联系方式，那么放弃介入、不干扰野生动物的生活就是对野生动物最好的帮助。

正确的救助步骤如下。

第一步，查看雏鸟是否有明显的外伤（流血的那种）。如果是，则联系当地专业野生动物救助机构，按其要求行动。如果当地无这类机构或不知道联系方式，就直接离开。

第二步，如果雏鸟没有外伤，那么请观察雏鸟的位置，是否危险（暴露在行人、猫狗容易触及之处）。如果是，则把雏鸟轻轻移动到附近有植被遮盖处；如果否，则保持原状，不要围观也不要凑近拍照片，直接离开。

四、小雪习俗

腌腊肉。民间有"冬腊风腌，蓄以御冬"的习俗。小雪后气温急剧下降，天气变得干燥，是加工腊肉的好时候。小雪节气后，一些农家开始动手做香肠腊肉，把多余的肉类用传统方法储备起来，等到春节时正好享受美食。

腌腊肉　　丁页手绘

吃糍粑。在南方某些地方，有吃糍粑的习俗。糍粑是糯米蒸熟捣烂后所制成的一种食品，是中国南方一些地区流行的美食。古时，糍粑是南方地区传统的节日祭品，最早是农民用来祭牛神的供品。俗语“十月朝，糍粑禄禄烧”，体现的便是客家人十月敬牛神的节日习俗。

吃糍粑　　丁页手绘

晒鱼干。小雪时，我国台湾中南部海边的渔民们会开始晒鱼干、储备干粮。乌鱼群会在小雪前后来到台湾海峡，另外还有旗鱼、沙鱼等。台湾俗谚“十月豆，肥到不见头”，是指在嘉义县布袋一带，到了农历十月可以捕到“豆仔鱼”。

喝刨汤。小雪前后，土家族群众又开始了一年一度的“杀年猪，迎新年”的民俗活动，给寒冷的冬天增添了热烈的气氛。吃“刨汤”，是土家族的风俗习惯。把用热气尚存的上等新鲜猪肉精心烹饪而成的美食，称为“刨汤”。

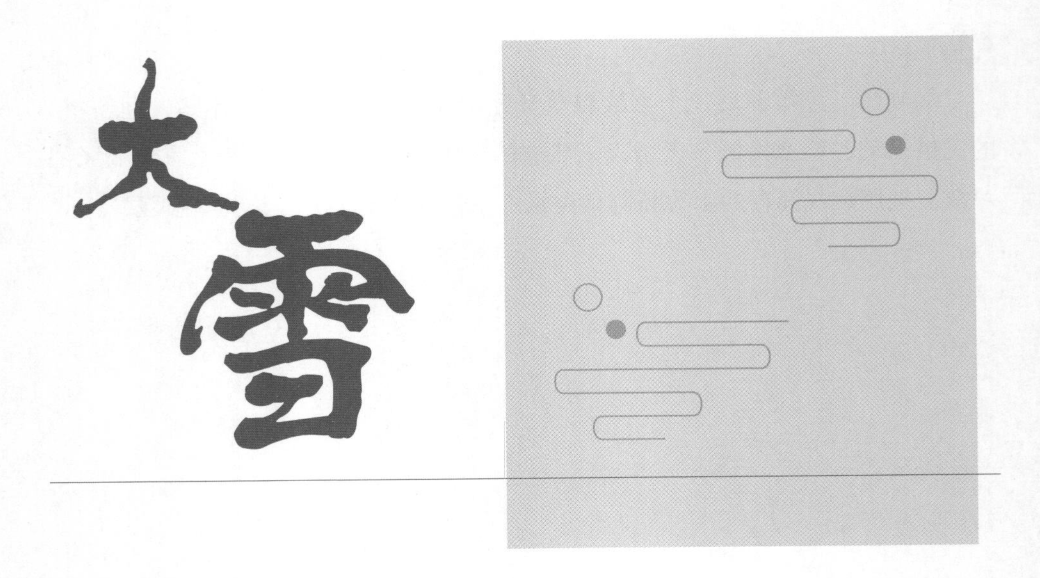

公历 12 月 6~8 日交节。

大雪节气太阳直射点快接近南回归线，北半球昼短夜长，因而民间有“大雪小雪，煮饭不息”“大雪小雪，烧锅不歇”的诸多说法，用以形容白昼短到一天内几乎要连着做三顿饭了。

《月令七十二候集解》载：“大雪，十一月节。大者，盛也。至此而雪盛矣。”此时祖国上下万里雪飘的情形十分常见，用唐朝诗人柳宗元的“千山鸟飞绝，万径人踪灭”来形容再恰当不过了。大雪时节，除华南和云南南部无冬区外，我国辽阔的大地均已披上冬日盛装。东北、西北地区温度已降至 -10℃以下，黄河流域和华北地区气温稳定在 0℃以下。

大雪以后，江南进入隆冬时节，各地气温显著下降，常出现冰冻现象，“大雪冬至后，篮装水不漏”，就是这个时期的真实写照。但是有些年份也不尽相同，气温较高，无结冰现象，往往造成后期雨水增多。

一、大雪三候

一候鹖旦不鸣。有记载说，鹖旦就是寒号鸟。因天气寒冷，寒号鸟也不再鸣叫了。现代有种说法，寒号鸟不是鸟，而是一种哺乳动物，叫复齿鼯。它的前后肢间有宽宽的刁膜，展开后就像一顶降落伞，可以帮助它在树林间快速滑翔。

二候虎始交。老虎开始有求偶行为。大雪节气，是阴气最盛时期。正所谓盛极而衰，阳气已有所萌动，老虎开始有求偶行为。

三候荔挺出。荔挺为兰草的一种，也是感到阳气的萌动而抽出新芽。《颜氏家训》认为，荔挺不是草的名字，荔才是草的名字。待考究。

二、城市物种

（一）雪中送蜜的小食堂——八角金盘

【科属】

五加科八角金盘属。

【形态特征】

常绿灌木。

【趣闻乐见】

八角金盘虽然名为八角，但是也有七角、九角的等。五加科的叶子，大部分都处于变形的各个阶段。最早注意到它，是在下雪的冬季，看到它小小的花朵在雪中昂然挺立，还是非常敬佩。其性耐阴，在园林中常种植于假山边上或大树旁边，还能作为观叶植物用于室内、厅堂及会场陈设。

寒冬里开花的八角金盘，是冬季里的蜜源植物。在食物紧缺的寒日里，伞形花序的八角金盘为昆虫提供了更多的食物。

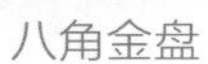

八角金盘　　边喜英摄

八角金盘花　　边喜英摄

（二）与枫树不是亲戚的枫香

【科属】

金缕梅科枫香树属。

【形态特征】

落叶乔木。

枫香　　陈丹维摄

【趣闻乐见】

枫香果实　　边喜英摄

秋日的枫香树树叶集绿、黄、棕、红为一体，可以说是调色达人，树姿挺拔，气度宏伟，还特耐修剪，拥有极强的可塑性，可以说枫香树就是这树界T台上的“超模”。

那枫香是枫树吗？在这里要说明一下，枫香不“枫”。枫香树除了名字中有两个字与枫树“撞”了，其实本质上和来自槭树科槭树属的枫树真的没什么关系。枫香树是来自蔷薇目虎耳草亚目金缕梅科枫香树属的植物。从大条目到小分支，都和枫树不沾边。但是为啥偏偏要给它安排一个那么容易混淆的名字呢？这大概还是因为枫香树的外形，真的和枫树是有那么几分相似。

枫香香不香呢？香飘四方。木质坚硬的枫香树可以制作木板家具和木箱，成分中还含有挥发油以及树脂，树脂有天然的芳香，因此赢得了“枫香”之名。

枫香的果实叫作路路通。路路通是一味非常传统且重要的中药，《本草纲目》《本草纲目拾遗》《救生苦海》中都对路路通的药效有着明确且深入的记载。

（三）画眉

【科属】

雀形目画眉科噪鹛属。

【形态特征】

成鸟体长21~24厘米。

【分布与习性】

分布于东南亚东北部及东亚。国内广泛分布于包括海南和台湾（Taewamus亚种）在内的南方大部分山区及丘陵地带。栖息于树木、灌丛，或矮小次生林，为留鸟。常见于各种次生环境，成对或集小群活动，惧生而隐匿。以各种昆虫为主食，也吃野果和种子。繁殖在4~7月，每年产卵两次，筑巢于地面草丛或灌木丛中，每窝可产卵3~5枚。

画眉　　童雪峰摄

【趣闻乐见】

相传画眉的名字是由古代的美人西施所赐，命名的来由就是它那俏丽的眉毛——让衣着朴素的画眉立即熠熠生辉。画眉是著名的鸣禽，歌声高亢、张扬，它的鸣声就是比斗的一种手段，越是逗引它，叫声就越发嘹亮。

中国有四大名鸟：北有百灵、点颏，南有画眉、绣眼。人们赞画眉鸟是“林中歌手”“鹛类之王”。画眉鸟不仅善鸣，而且善斗，在繁殖期，“一山头，一画眉，越界必斗”。雄画眉是不折不扣的血性勇士，争强好胜，只有对手非死即伤，它才会善罢甘休。人们说善鸣好斗的画眉“身似葫芦尾似琴，颈如削竹嘴，是角斗场上的悍将”。

北宋诗人欧阳修在《画眉鸟》诗中说：“百啭千声随意移，山花红紫树高低。始知锁向金笼听，不及林间自在啼。”热爱自由的画眉鸟，拒绝在笼中繁殖。

三、户外观察——自然笔记

自然笔记简单说，就是我们为大自然做的笔记。通常采用绘画和文字结合的形式，也可以用文字、绘画结合摄影、录像、录音、标本、剪贴、手工等其他方式，特别强调尽量不要缺失绘画，因为绘画可以帮我们沉下心进入细致的观察状态，是一种深入认识自然的手段。同时也要明确，没有相关文字记录的画无论是写生还是科学绘画，都还只是画，不能算真正意义上的自然笔记。

自然笔记是观察、了解自然的方法，是一种能引领我们亲近自然的有效途径。观察物料的准备如下：

（1）记录纸或本子。可以是几张白纸，有小格子的间距线也可。如果是本子，建议是空白能平摊开的本子。

（2）笔和橡皮。铅笔用于起稿，针笔或水性笔用于描线及写文字，彩铅或水彩进行着色。

（3）手机或相机用于捕捉瞬间或不能完成的笔记备份。

（4）放大镜也用于观察细节。

（5）收集袋或收集箱可捡拾羽毛、落叶、果实、昆虫等。

结合二十四节气做持续的记录，内容会因你深入的观察和进一步的学习，越来越丰富。在每个节气关注到“物候”，特别是第一朵花开、第一次春雷、第一场霜、第一声蝉鸣等这些时间点，在物候记录中都有很重要的意义。在经历了一次次奇妙的发现后，你一定会在某个时刻有自己的二十四节气大自然笔记。

选择一个植物，记录你的观察

自然笔记的内容包含对自然翔实的记录（绘画是其中的一种方式）、自主探究的过程，还有与自然相处时的感想感悟、观察对象所处环境的最基本自然信息（时间、地点、天气）等。

自然笔记的观察方法有直接观察法和间接观察法。直接观察法用到的是“望闻听切”，即用眼睛去看，用鼻子去闻，用脑和心思考，用手去触摸的方式亲近自然，将体会到的内容记录下来。间接观察法指借助仪器设备来进行观察，比如相机、放大镜等。

四、大雪习俗

赏雪景　　丁页手绘

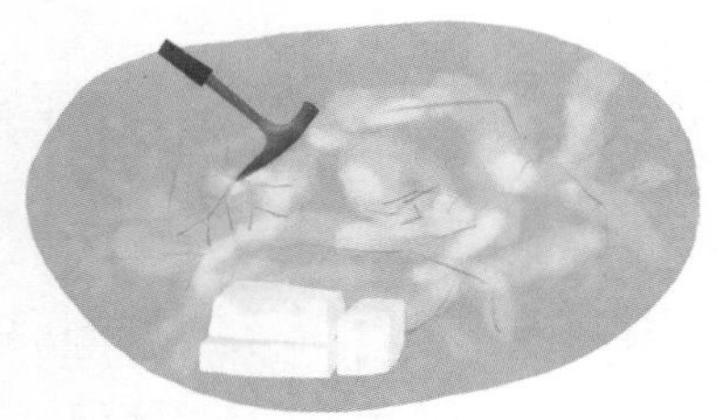

藏冰　　丁页手绘

赏雪景。自古大雪时节，全国各地多在冰天雪地里赏玩雪景。《东京梦华录》关于腊月的记载："此月虽无节序，而豪贵之家，遇雪即开筵，塑雪狮，装雪灯，以会亲旧。"南宋周密《武林旧事》卷三有一段话描述了杭州城内的王室贵戚在大雪天里堆雪人、雪山的情形："禁中赏雪，多御明远楼。后苑进大小雪狮儿，并以金铃彩缕为饰，且作雪花、雪灯、雪山之类，及滴酥为花及诸事件，并以金盆盛进，以供赏玩。"

藏冰。大雪时节气温酷寒，温度低，非常适宜藏冰。官府或者民间这种藏冰的风俗历史悠久，《诗经》里就有记载："二之日凿冰冲冲，三之日纳于凌阴。"就是说十二月凿下冰块，正月里搬进冰窖中。古时，一些有钱人家会储存冰块，为了保证藏冰质量，每年还要维修和保养冰库。冬季藏冰，等到天气热再取出来食用。

腌肉。在南京有"小雪腌菜，大雪腌肉"的习俗。大雪节气一到，家家户户忙着腌制"咸货"。将盐、八角、桂皮、花椒、白糖等入锅炒熟，待炒过的花椒盐凉透后，涂抹在鱼、肉和家禽内外，反复揉搓，直到肉色由鲜转暗，表面有液体渗出时，再把肉连剩下的盐放进缸内，用石头压住，放在阴凉背光的地方；半月后取出，将腌出的卤汁入锅加水烧开，撇去浮沫，放入晾干的禽畜肉，层层码在缸内，倒入盐卤，再压上大石头；十日后取出腌肉，挂在朝阳的屋檐下晾晒干，以迎接新年。

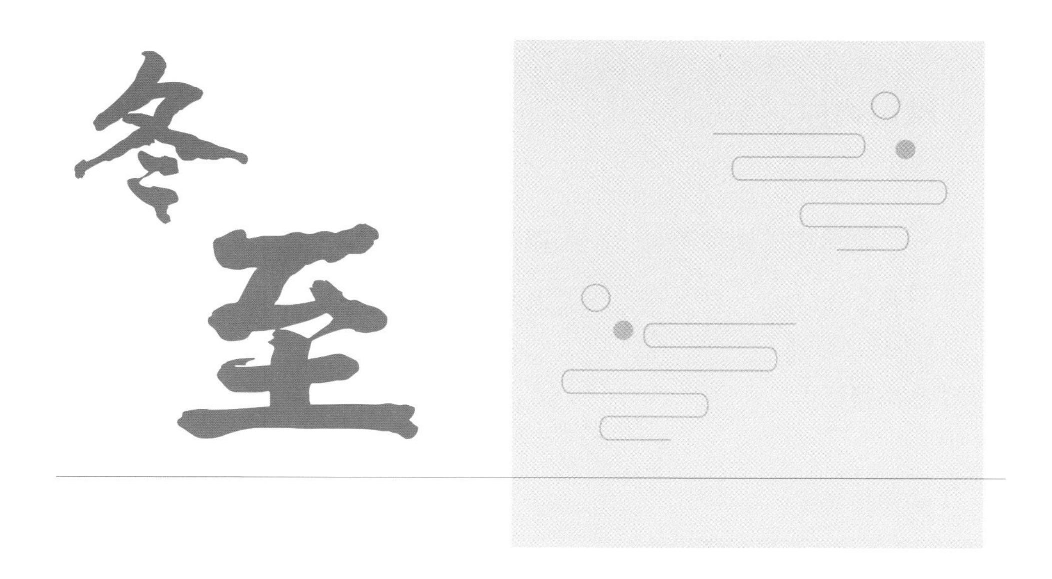

公历 12 月 21~23 日交节。

冬至节气太阳直射南回归线。《月令七十二候集解》载:“终藏之气，至此而极也。”《太平御览》载:“冬至有三义。一者阳极之至，二者阳气之至，三者日行南至，故谓冬至。”冬至日是北半球一年中黑夜最长、白昼最短的一天，因此又叫“日短至”。过了冬至以后，太阳直射点逐渐向北移动，北半球白天逐渐变长，所以有俗话说:“吃了冬至面，一天长一线。”

一、冬至三候

一候蚯蚓结。传说蚯蚓是阴曲阳伸的生物。冬至阳气虽已生长，但阴气仍然十分强盛，此时众多蚯蚓交缠在一起，结成块状，缩在土里过冬。

二候麋角解。麋与鹿同科，却阴阳不同，鹿是山兽属阳，麋是水泽之兽而属阴。夏至一阴生，故鹿感受阴气而解角；冬至一阳生，故麋感阳气而解角。

三候水泉动。深埋于地底的水泉，由于阳气旺盛，开始流动。

二、城市物种

（一）寒风中的娇艳美人——山茶花

【科属】

山茶科山茶属。

【形态特征】

乔木。

【趣闻乐见】

山茶　　　　边喜英摄

山茶花的花瓣像碗一样，分为单瓣和重瓣：单瓣茶花多为原始花种，有一种娇柔欲滴但不单薄羸弱的美感；重瓣茶花的花瓣可多达 60 片，富态中带着似火的热情。茶花有不同程度的红、紫、白、黄各色花种，甚至还有彩色斑纹茶花，而花枝最高可以达到 4 米。

茶花的花期较长，从 10 月到第二年的 5 月都有开放，盛花期通常在 1~3 月。优美的形姿，油绿的叶片，艳丽缤纷的花形，使得山茶花受到世界园艺界的珍视。茶花的品种极多。茶花是中国传统的观赏花卉，它既具有“唯有山茶殊耐久，独能探月占春风”的傲梅风骨，又有“花繁艳红，深夺晓霞”的凌牡丹之鲜艳，自古以来就是极负盛名的木本花卉，在唐宋两朝达到了登峰造极之境，十七世纪引入欧洲后，造成轰动，也因此获得“世界名花”的美名。

在杭州的城市绿化中，常能看见美人茶。美人茶也叫单体红山茶，原产日本。美人茶本身是茶梅和山茶的杂交品种，特点是花大、色艳。

（二）朴树

【科属】

榆科朴（pò）属。

【形态特征】

高大落叶乔木。

【趣闻乐见】

朴树在淮河以南的城市中比较常见。树型高大，可达 20 米。秋季树叶黄色，颇具观赏性。

朴树是上好的庭荫树和行道树：一是它的株型漂亮，洒脱而飘逸；二是它病虫害比较少，且比较耐粗放管理，属于低碳树种；三是它有着厚重的文化底蕴和深厚的历史积淀（参见前文有关榉树的介绍）。

朴树树叶　　边喜英摄

（三）文了眼线的“小可爱”——暗绿绣眼

【科属】

雀形目绣眼鸟科绣眼鸟属。

【形态特征】

成鸟体长 10~11 厘米。

暗绿绣眼　　　　童雪峰摄

【分布与习性】

在朝鲜半岛、日本多为留鸟，在东南亚为冬候鸟。国内于华北至中部山区为夏候鸟，于华南及西南为留鸟，于海南为冬候鸟。绿色小鸟，眼睛周围有一圈白色。生性活泼而喧闹，成群结队地在树上觅食昆虫、小浆果及花蜜。

【趣闻乐见】

暗绿绣眼的名字来自其漂亮的羽色。它背部羽毛为绿色，胸和腰部为灰色，腹部白色，翅膀和尾部羽毛泛绿光，所以有暗绿色之感，加上眼的周围环绕着白色绒状短羽，形成鲜明的白眼圈，如同绣眼，故而称其为暗绿绣眼鸟。

暗绿绣眼是在庭园及都市的行道树上最易看到的珍巧可爱鸟儿，橄榄绿的羽色出现在圣诞红或山樱花树上时更显突出。鸟鸣声清脆悦耳，清晨时常在居家窗口向人问早，让人有股一日之计在于晨的温馨感受。

贵为我国四大笼养鸣叫鸟之一的绣眼，在历代文献中却鲜有记载。但从宋代开始，绣眼的倩影便出现在传统花鸟画中。画家们以独特的方式，向我们展示了绣眼的生活习性和优美的形象。例如，宋代的《枇杷山鸟图》，这幅图上无款识，钤鉴藏印“宋荦审定”“宣统御览之宝”，裱边题签“宋人画枇杷山鸟”，专家普遍认为是宋代画家林椿的作品。图中成熟的枇杷果分外诱人，一只绣眼栖于枇杷枝上，翘尾引颈，正欲啄食果实，却发现其上有一只蚂蚁，便回喙定睛端详，神情生动有趣。而枇杷枝仿佛随着绣眼的动作，重心失衡而上下颤动。画面静中有动，妙趣横生。

三、户外观察——自然笔记

自然笔记的初衷是为了帮我们认知自然物，而非创作视觉效果佳的美术作品。虽然自然笔记有文字 + 绘画、摄影、剪贴、拓印、录音、录像等各种形式，但绘画因显著提高观察能力而备受重视。绘画是用来帮助我们关注细节，加深理解的一种学习方法。如果不是因为要画下来，可能就错过了很多细节的观察。

自然笔记中的绘画不受水平限制，绘画风格随意，可写实亦可写意。重点强调的是，我们在对观察对象进行描绘的时候，尽量把握住它们的细部特征。你可以画得不够好看，但要画得真实。在坚持不懈的自然笔记中，你一定会找到适合你自己的风格和技法。你也可以不断地尝试新的笔记表现形式。与自然接触得越久，你会发现自己的想象力越丰富，创造力越强。

自然笔记的文字内容包括感官对自然的认知、自主探究的过程，还有你的所思所想。不可或缺的笔记要素须记录当天的时间、地点、天气状况。也可用多种文字形式表达，或说明，或叙事，或抒情。笔记中的文字帮助记忆、整理、思考，帮助我们抒发情感。它有时是散碎的，有时是连贯的，它记录我们跟自然在一起时感知和理解的点滴，是一种自然而然的表达。

自然笔记有助于我们发现自然关于美的法则，培养自己对美的感受力。

四、冬至习俗

祭天。历代统治者都要于冬至日祭天。“祭天”即是古代的“郊祀”礼，是历代帝王禳灾祈福，在冬至日必须举行的一种仪式。

北宋时祭天多在京城的南郊举行，明清时则在北京天坛的圜丘。圜丘在古代即是高出地面的圆土丘，它象征着天圆，故用来祭天。冬至前一天晚上，皇帝要斋戒沐浴，住在斋宫。冬至当天，皇帝要穿上最高等级的龙袍——朝服，亲自到天坛圜丘坛举行祭天仪式，即“冬至郊天”，次日，还要举行朝贺礼。

祭天　　丁页手绘

数九九。在我国的北部地区，历来有“冬至逢壬数九”的说法。所谓“数九”“交九”，就是民间百姓计算寒天与春暖花开日期的方法，即从冬至这一天起，每九天算一个“九”，一直数到九九八十一天，春天就会到来。冬至之后数九九在全国各地都十分流行，人们根据各地不同的气候条件、景物特征、农事物候及风俗习惯，编排出了各种数九九的谚语和顺口溜。数九九的谚语和顺口溜不仅是人们多年来对气候的经验总结，也是人们在严冬时节对春天的一种期盼。

吃水饺。每年农历冬至这天，不论贫富，饺子是必不可少的节日饭。谚云：“十月一，冬至到，家家户户吃水饺。”

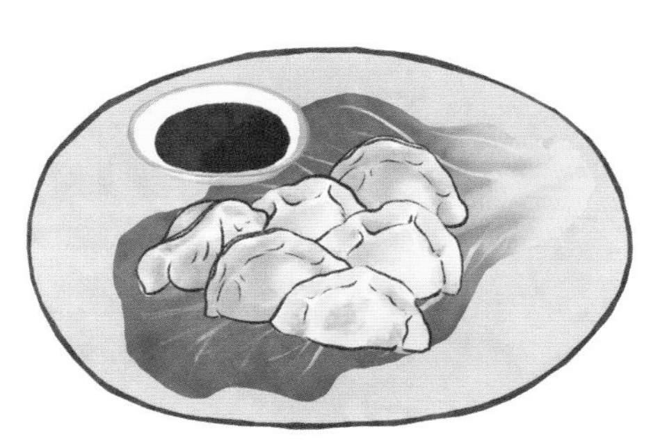

吃水饺　　丁页手绘

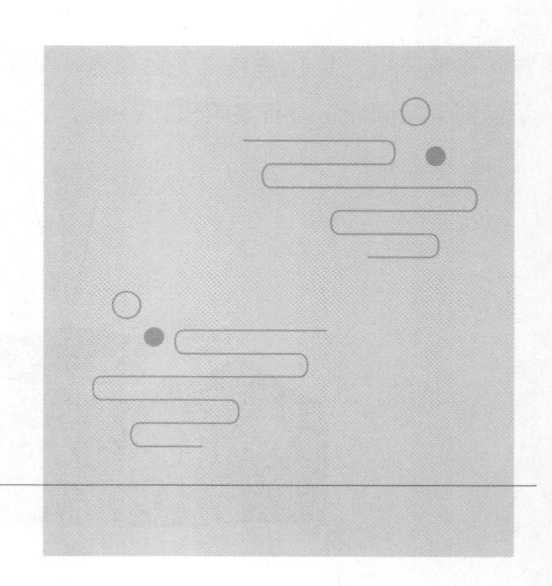

公历 1 月 5~7 日交节。

小寒节气是二十四节气中的第二十三个节气。寒即寒冷，小寒表示寒冷的程度。《月令七十二候集解》解释说："小寒，十二月节。月初寒尚小，故云。月半则大矣。"小寒之后，我国气候开始进入一年中最寒冷的时段，冷气积久而寒。此时，天气寒冷，大冷还未到达极点，所以称为小寒。

一、小寒三候

一候雁北乡。这个"乡"是趋向，向北飞的大雁已经感知到阳气，是为先导。

二候鹊始巢。小寒后五日，喜鹊噪枝，已经开始筑巢，准备繁殖后代了。

三候雉始雊（gòu）。再五日，早醒的雉鸠就开始求偶了，早春已经临近。

二、城市物种

（一）蜡梅

【科属】

蜡梅科蜡梅属。

【形态特征】

落叶小乔木或灌木状。

【趣闻乐见】

蜡梅　　边喜英摄

蜡梅果实　　边喜英摄

蜡梅花在初冬季节开放时，有着浓烈的香气；它的花朵最是惹人喜爱，盈盈的黄色花瓣晶莹剔透，或横向或峭立的枝条上挂满了金色的小铃铛，有着蜡油般莹润的光泽。来摸摸它的叶子，怎么样？是不是也很粗糙？大大的叶子，对生，叶面有点粗糙。蜡梅是中国特产的传统名贵观赏花木，因为它和梅花都带有梅字，有些人容易把它也当作梅花。其实差远了，二者分属两个不同的科，梅花是蔷薇科的植物。它们也有共同点：就是花开在冬季，都有着浓烈的香气。但是梅花比蜡梅更“高冷”点，蜡梅在杭州一般 12 月就开了，而梅花则盛开在 2 月左右。说起蜡梅，可能很多会说把“蜡”字写作“腊”，读起来一样，说起来意思也很贴切，因为这花是在寒冬腊月开的，所以不少人会把蜡梅写作“腊梅”。其实，单从这种植物来说用“腊”，说得过去，但是蜡梅科可不仅仅只有这一种，也并不都是寒冬腊月开花的，蜡梅科里还有一种中国特有的珍稀植物——夏蜡梅，这种蜡梅就是快到夏天时开花的。美国也有一种蜡梅，叫美国蜡梅，这种也是在春夏之交的时候开花的。所以这么看来，蜡梅如果用“腊”字的话，就不太合适了。

（二）冬日骄傲的战士——水杉

【科属】

柏科水杉属。

【形态特征】

落叶乔木。

【趣闻乐见】

水杉是一种落叶乔木，有着高大的树干（可达40米），灰褐色的树皮，尖塔形或广圆头形的树冠，羽状的扁平叶子和球形的果实。

水杉叶　　边喜英摄

我带领学生观察时，最喜欢捡拾水杉的果实：大小只有樱桃般大，纹路非常像人的嘴唇唇形。夏日果实密密麻麻地挂在枝头，远看好似树上挂了许多绿色小铃铛。水杉的果实成熟前为绿色，成熟后呈深褐色，可入药，具有“祛风燥湿，活血止痛”的功效。

水杉被誉为“活化石”，是地球上最古老、最特殊、最珍贵的植物，已列入中国《国家一级保护植物名录》。水杉是柏科水杉属现存的唯一一种植物，起源于距今1.3亿年前的白垩纪晚期。曾几何时在北半球大部分地区都能看到水杉的身影，但随着板块运动和地质变迁，大部分的水杉都成为埋藏于土层之中的化石。我国科学家在 20 世纪 40 年代发表水杉重新发现的文章，被誉为 20 世纪世界植物界重大的发现之一。发现水杉的过程还是非常曲折的。

干铎是我国著名的生物学家，也是我国森林学的创始人之一。1941 年冬季，时年 38 岁的干铎由湖北入川回重庆老家，途经万县（今重庆市万州区）一个叫作磨刀溪（今湖北省利川市）的地方时，被眼前的一株高大的苍天古树所吸引，凭着作为植物学家的本能，他觉得这棵树好像并不寻常。他仔细地调查了这棵树的生长环境，似乎和他熟悉的所有杉树都不一样。他询问了当地人这棵树的来历，得知当地人管这棵树叫作“水桫”。尽管随后干铎就离开了磨刀溪，但从此他对这棵杉树念念不忘。

1944 年，干铎得知好友王战就要前往万县进行科考。他急忙找到了王战，希望王战可以顺路去磨刀溪去调查一下这棵“水桫”到底是什么植物。王战（1911—2000），我国著名的林学家、森林生态学家、植物分类学家。时恰逢夏季，这棵古树上长满了枝叶。王战惊讶地发现，这棵大树的树叶形态，居然和早已灭绝的水杉一模一样。他进行了树叶标本的压制，还收集了大量的树枝和球果。当他回到重庆后，立即把这个消息告诉了干铎。但二人仔细研究了标本半天，无法确定这种植物究竟为何物，于是他们把标本交给了当时中国植物界的另一位权威——郑

水杉　　边喜英摄

万钧教授手上。

在当时，郑万钧教授是我国研究裸子植物的第一人，乃至世界上都是知名的裸子植物分类专家。所以把这份标本交到他手上，无疑是最正确的选择。但是研究了一辈子裸子植物的郑教授同样也犹豫了，这种植物的习性和南方常见的水松类似，但球果的形状完全不同。为了进一步鉴别物种，郑教授在 1946 年派人两次前往磨刀溪，再次采集标本。郑教授知道，想要确认这种植物究竟是什么，就必须要有另一个人的参与。于是他亲自搭乘从重庆到北平（今北京）的火车，并且把标本交到了这个人的手上。这个人就是我国植物学的创始人——胡先骕（sù）。胡先骕是我国植物分类学的开拓者，也是中国近代生物学的开创人之一。

郑万钧与胡先骕两位教授讨论许久，仔细对照了标本与相关水杉化石的记载和配图。无论是球果还是叶序，都证明了磨刀溪这棵大树，就是诞生于 1.3 亿年前的水杉。这种被认为早已灭绝的植物，重新回到了人间。它没有完全灭绝，而是千百万年来隐匿在万县磨刀溪的不起眼的角落，等待着被人类重新发现。很快，由两位教授联名撰写的论文在我国的期刊上发表，二人对水杉实体进行了非常详细的描述，并且按照科学命名法对水杉进行了命名。论文一经发表，引起了海内外生物学界的瞩目，甚至在当时成为全球传播的重大新闻。此时抗日战争刚刚结束，中国百废待兴。由中国自己的植物学家发现被公认灭绝的生物，这成为当时鼓舞国民信心的事件。

（三）头戴“小红帽”的红头长尾山雀

【科属】

雀形目长尾山雀科长尾山雀属。

【形态特征】

成鸟体长约 10 厘米。

红头长尾山雀　　童雪峰摄

【分布与习性】

国内见于包括台湾在内的南方大部分地区，亚种见于西藏，为常见留鸟。身体圆而小巧，尾长，但整体仍然是很小的鸟类。头顶红色，眼睛周围和嘴下呈黑色。性格活泼，喜欢成群活动，集群活动于多种林地生境，亦同其他鸟种组成混合鸟群。栖于低山开阔的荆棘、山坡灌丛、果园、茶园，有时攀附于乔木高枝上。平时成小群或数十只群体，边活动边鸣叫，常与其他鸟种混群。以杂草种子、浆果、昆虫及虫卵为食。鸣声低颤，群体间常发出尖细的联络声。

【趣闻乐见】

红头长尾山雀从嘴尖到尾尖约 10 厘米。其中尾巴占了身长二分之一还多，这样它的头和身子加起来不过 5 厘米。在这方寸之间，造物用丰富多彩的颜色、精细的工笔手法一丝不苟地造出一个活生生的小精灵：小巧细尖的黑嘴、棕红蓬松的头冠、银白色的领环下悬着一枚半月的和田墨玉、橘黄色针杆细的腿和爪、黑亮的瞳仁好似拿金色的线勾了边……它简直就是微型艺术品！

人们惊讶于它身形的小巧和铺张的红羽，叫它“红豆宝儿”“胡豆雀”“红顶山雀”，还有人满怀着喜爱地叫它“小老虎”。我喜欢“小老虎”这个名字：不仅抓住了它红黑两色的羽色特征，金眼黑仁虎虎有神的外貌特点，更揭示出红头长尾山雀英气逼人、无所畏惧的精神特质。雀形目鸟中的伯劳家族也有“雀老虎”之称，说它是“雀中之虎”突出的是它的肉食性，全然没有“小老虎”名称中包含的喜爱之情。红头长尾山雀不怕人，性情活泼，永远充满了朝气，总是十几只、几十只甚至数百只地飞翔于树冠之间，因此又名“十姊妹”。

红头长尾山雀是中国最常见的长尾山雀，在昆明、成都、上海等南方城市的植物园和树木繁茂的庭院中它们甚至跟北方的麻雀一样常见。但是红头长尾山雀身形这样的小——除掉尾巴它比胡蜂也大不了多少，当它们群翔于花丛绿叶之间，不要说婴儿小手大的杨树叶，即便是比铜钱稍大的榆树叶子也能将它遮挡得严严实实，所以即便近在眼前，也许很多人都没有认真打量过红头长尾山雀的模样。除了少数的鸟类爱好者，众多的国人根本不知晓我们这位“袖珍芳邻”。

三、户外观察——自然笔记

自然笔记的显著特点是独立探索、细心观察、真实记录。

首先，我们要有“观察意识”。喜欢植物的朋友只要走在路上，就爱东张西望，关注路边的植被，对周围的花非常敏感。其次，要观察和思考。思考和学习是帮助我们深入做笔记的重要环节。你的笔记来源不是课堂上的书本和惯常的观念，而是真实的自然。因此，尽量用你自己的观察所得和思想去记录，并结合实际作出自己的分析和判断。

在我们的生活和学习中，我们习惯于接受一些现成的观念。比如，苍蝇很恶心，是害虫，会吃脏东西；蝴蝶是益虫，它们在花丛中飞翔，帮助它们授粉；绿菜青虫是一种害虫，它总是吃我们的蔬菜……事实上，如果你用自然笔记的方式观察记录，你会发现苍蝇除了吃屎之外，还在花中逗留，顺便授粉；蝴蝶和花的组合很受欢迎，但在自然观察中，你可能会幸运地撞见一些沉迷于发酵汁液、腐肉液，甚至粪便和尿液的峡蝶和眼蝶；还有被人们讨厌的、用农药处理的菜青虫，如果有一天它们长大了，它们会是无害的菜粉蝶。

要强调的是观察要尊重客观事实，不能简单片面。随着方位的不同，时间的不同，外界各种条件的变化，我们的观察对象也可能呈现出不同的样貌或属性。因此，在观察时，应全面深入地看到事物的各个方面，获得尽量完整的信息，客观地看待自然物。

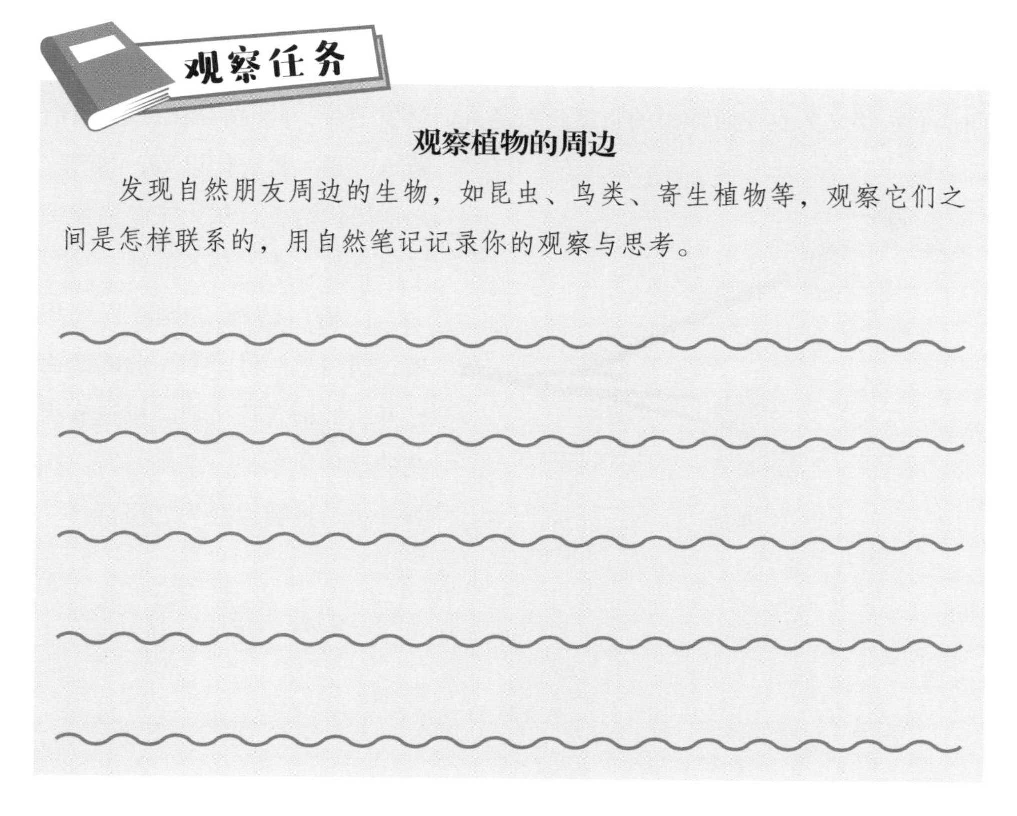

四、小寒习俗

冰戏。我国北方各省，入冬之后天寒地冻，冰期十分长久（从 11 月起，直到次年 4 月）。春冬之间，河面结冰厚实，冰上行走皆用爬犁或由马拉，或由狗牵，或由乘坐的人手持木杆如撑船划动，推动前行。冰面特厚的地区，大多设有冰床，供行人玩耍，也有穿冰鞋在冰面竞走的，古代称为冰戏。

冰戏　　丁页手绘

祭腊。小寒是腊月的节气，由于古人会在十二月份举行合祀众神的腊祭，因此把腊祭所在的十二月叫腊月。腊的本义是“接”，取新旧交接之意。腊祭为我国古代祭祀习俗之一，远在先秦时期就已形成。“腊祭”含义有三：一是表示不忘记自己及其家族的本源，表达对祖先的崇敬与怀念。二是祭百神，感谢他们一年来为农业所作出的贡献。三是人们终岁劳苦，此时农事已息，借此游乐一番。自周代以后，“腊祭”之俗历代沿袭，从天子、诸侯到平民百姓，人人都不例外。

探梅　　丁页手绘

探梅、访梅。小寒节气探梅、访梅是一件雅事。此时蜡梅已开，红梅含苞待放。挑选有梅花的绝佳风景地，细细赏玩，幽香扑鼻，神智也会为之振奋。

公历 1 月 20~21 日交节。

大寒是二十四节气中的最后一个节气。大寒是天气寒冷到极点的意思。大寒过后又会迎来新的一年的节气轮回。一年的时间在这天寒地冻里终于走向回转，腊八、小年、除夕等节日亦纷至沓来，故而大寒往往也是民俗极为开放而无禁忌的一段时间，人们又称“乱岁”。

一、大寒三候

一候鸡始乳。从大寒节气开始，光照开始增加，便可以孵小鸡了。

二候征鸟厉疾。“征鸟”的另一个名字是“鹰隼”。鹰隼之类的鸟，此时正处于捕食能力极强的状态中，盘旋于空中到处寻找食物，以补充身体的能量抵御严寒。

三候水泽腹坚。在一年的最后五天内，天气越发寒冷，水域中的冰一直冻到水中央，且最结实、最厚，在北方的孩子们可以尽情在河上溜冰玩耍。

二、城市物种

红梅　　边喜英摄

（一）红梅

【科属】

蔷薇科李属。

【形态特征】

小乔木，稀灌木。

【趣闻乐见】

“数萼初含雪，孤标画本难。香中别有韵，清极不知寒。横笛和愁听，斜枝倚病看。朔风如解意，容易莫摧残。”说到这里，大家能猜到我们今天的主角是谁吗？没错，就是唐代诗人崔道融笔下的梅花。

说起梅花，大家一定不觉得陌生。位居“花中四君子——梅、兰、竹、菊”之首的梅花，品质高洁，不畏严寒，不怕困难，百折不挠，坚强独立，坚贞不屈的精神被历代文人骚客高歌传颂，无数关于梅花的千古佳作流传至今。同时它也是中国传统国画中最受画家喜爱的典型素材之一。梅花多是在严寒的季节开放，其中最具代表性的莫过于红梅了。银装素裹，万物沉寂，大雪纷纷，江河驻足于此刻，一枝红梅劈开生息寂寥的天地，不畏冰袭雪侵，不屈不挠，昂首怒放。

时至今日，我们赏梅，依旧在于品赏梅之色、之形、之香、之韵、之时。

以梅之色而言，有深红、粉红、淡黄、淡墨、纯白、白中带红等多种颜色，梅开时节，红如朝霞，白似堆雪，绿若碧玉……

梅之香则别具神韵，清逸幽雅。

以梅之形而言，在文人和梅花爱好者眼中，“梅以形势为第一”，即梅的形态和姿势。将梅的形态赋予俯、仰、侧、卧、依、盼等；姿势则分直立、屈曲、歪斜等。梅枝虬曲苍劲，有一种饱经沧桑、威武不屈的阳刚之美。

梅之韵，更是由形而生。宋范成大在《梅谱》中说："梅以韵胜，以格高，故以横斜疏瘦与老枝怪石者为贵。"在诗人、画家的笔下，梅花的形态总离不开横、斜、疏、瘦四字。人们观赏梅韵，则以"贵稀不贵密，贵老不贵嫩，贵瘦不贵肥，贵含不贵开"，谓之"梅韵四贵"。

梅之时，说的是探梅赏梅须及时。"疏枝横玉瘦，小萼点珠光。"过早，含苞未放；迟了落英缤纷。

（二）枇杷

【科属】

蔷薇科枇杷属。

【形态特征】

常绿乔木。

【趣闻乐见】

国内产地为西北东南部、华中、华东、华南至西南东部一带，日本、印度及东南亚也有栽培。花期在10~12月，果期在5~6月。可用材及观赏，果可食，叶供药用。

枇杷花　　边喜英摄

枇杷，又叫芦橘、金丸、芦枝，因叶片形似乐器琵琶而得名。很多人都吃过枇杷，可你留意过它的花吗？寒冷的冬季，树木凋零，而枇杷的娇小花朵却在盛开。枇杷花朵的颜色，也和冬天的场合很搭，它不是粉的、红的，而是皎洁如雪一般，以卵形为主。花瓣的底下有萼筒及萼片，在上头还密布了稠密锈色的小绒毛。

很多人不知道的是，近些年枇杷花也变成了一种罕见货，而且价格要比它的生果贵上四五百倍。这是由于枇杷花是一种很好的药材。据《本草纲目》记载，枇杷花具有“止渴下气、利肺、止吐逆、去焦热、润五脏”以及“治头风、鼻涕清涕”等功效。枇杷花以浙江老字号“百年汇昌”最有名，该商号始创于1800年，所产蜜饯被道光皇帝选为贡品。

枇杷新叶　　边喜英摄

枇杷花小小的犹如绿豆，要想把它采摘下来不容易，不只要眼光好，并且还要有一双巧手。即使再熟练的人，一天也就能采摘半斤多的鲜花。采摘下来的鲜花，还要把它的萼片等杂品去掉，之后还要把它们晒干。一般12斤的鲜花，也就能晒出一斤的干花。而要搜集到10斤的鲜花，起码需要近20天哦，并且还要除杂、晾晒、择选等，特别的费时劳累。

黄灿灿的枇杷果被誉为“6月第一黄金果”，色黄如金，味甘绵软。一口咬下去，汁水四溢，甘爽清润，好吃到停不下来。枇杷不仅好看、好吃，还有不俗的养生功效。中医认为，枇杷味甘、酸，入肺、脾经，能清肺润燥、止咳化痰、和胃生津。《本草纲目》记载：“枇杷能润五脏，滋心肺。”

（三）戴着黑领带的“绅士”——大山雀

【科属】

雀形目山雀科山雀属。

【形态特征】

成鸟体长12~14.5厘米。

大山雀　　　　童雪峰摄

【分布与习性】

广布于亚洲东部。国内见于除西北部和海南之外的大部分地区，为常见留鸟，有时做较短距离垂直迁移。喜疏林及林缘，适应多种中低海拔次生林及人工环境。繁殖于 3~8 月，筑杯状巢于树洞、石缝和墙洞中，每窝产卵 6~9 枚。凌空追捕昆虫，有时在地面寻食。食物以昆虫和虫卵为主，兼食柳絮、马桑子、杂草种子。鸣声为吵嚷的哨音，极喜欢鸣叫。

【趣闻乐见】

山雀俗称“白脸山雀”，脸上的一大块白斑在黑色的头部十分明显。在白色的肚子上，有一条从喉部一直连接到腹部底端的黑色条纹，特别像绅士穿正装系的领带。它的叫声也十分甜美，特别到了春天，经常能看到它站在枝头鸣叫，曲调多变，只要留心观察，在一些公园的大树上经常能看到它的身影。

有人发现，大山雀懂得根据不同场合使用不同的叫声，在提醒同伴有危险时，会发出高亢的“啾啾”声；而要通知同伴聚拢时，会发出低沉的“唧唧”声。

三、户外观察——自然笔记

自然笔记观察的内容有哪些？有关大自然的一切。空中的小鸟，草丛里的昆虫，静立不动的花和树，城市街道旁的一片杂草，水池假山上的滑腻青苔，天幕上的点点繁星，山顶眺望到的美丽景色……时时处处皆自然，只要我们有一双善于发现的眼睛。自然不仅仅在荒野和远方，更在我们身边和脚下。古人将每个节气分为三候，每五天都有新的发现。现代的我们，通过对每个节气的一次次专注的观察，以及和大自然对话，在记录中感受大自然中的生命，把自我融入世间万物。通过二十四节气里的自然观察和自然笔记记录，让我们在现代与传统的接续中，更清楚地知道“我是谁”“我从哪儿来”，让我们在与自然的紧密连接中，以慈悲心来面对世间万物。

用小豆本记录进行节气的物候观察

在网络上搜索“豆本”一词，首先跳出来的解释为日语まめほん，即迷你书，指尺寸非常小的印刷品。杭州圆蜗牛老师推广的万能小豆本，起初来自折纸手工书，讲的是一纸一书，取材简单，方便快捷。找一张 A4 大小的纸折剪而成，制作过程非常简单，三折一剪即可实现。

豆本用什么纸都可以制作，只要不是过分厚，方便折纸就行。基本款的小豆本，只有四页左右。这样小的体量，我们很快就能够把自己想表达的完成，迅速成书，就像写短篇小说或发微信，很贴合现在的短平快的时代节奏。小豆本如此简单，可一个节气一本，可随手兴致就来一本。希望看到大家多样的记录。

小豆本制作过程

第一步，将纸张折三折，再对折。

第二步，沿绿线剪开。

第三步，对折后，倒扣纸张，剪口朝上。

第四步，对折成型。

第五步，翻页成书。

四、大寒民俗

不生火。当日打开窗户，室内停止生火，多穿衣服，用自身的体能抵抗严寒以增强体质。据说，这样还能把蜷卧在屋内的虫子冻死，来年春天居室便会格外洁净。

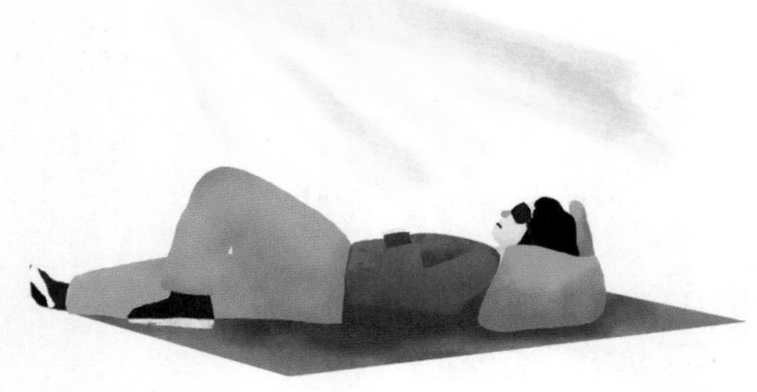

哺太阳　　丁页手绘

哺太阳。冬季日光温和可爱，没有夏天猛烈，经常在太阳底下休息非常有益。无力生火之人，往往待在有日光的地方工作或休息，俗称哺太阳。

轧猪油渣。轧猪油渣是冬日里儿童取暖的一种游戏。集合儿童十余人，平均分成两组，互相背靠背坐着，用力撑轧，以能逼迫对方后退为胜。这个游戏通常在长凳子或者大的门槛上做。儿童做完游戏之后流了汗，便不会觉得寒冷了。

参考文献

［1］韩露，安焕章．话说二十四节气［M］．北京：中国社会科学出版社，2017.

［2］宋英杰．二十四节气志［M］．北京：中信出版社，2017.

［3］黄一峰．自然观察达人养成术［M］．北京：北京联合出版有限公司，2017.

［4］高春香，邵敏．这就是二十四节气［M］．北京：海豚出版社，2019.

［5］邱丙军．中国人的二十四节气［M］．北京：化学工业出版社，2018.

［6］郝志新．藏在地图里的二十四节气［M］．济南：山东友谊出版社，2019.

［7］王长啟，张琳．人间食话：师说二十四节气与饮食营养［M］．北京：中国中医药出版社，2019.

［8］李振基，李两传．植物的智慧　自然教育家的探索与发现随笔［M］．北京：中国林业出版社，2019.

［9］［美］南茜・罗斯・胡格．怎样观察一棵树［M］．阿黛，译．北京：商务印书馆，2016.

［10］任众．大自然笔记：与神奇自然的四季约会［M］．贵阳：贵州教育出版社，2019.

［11］［美］约瑟夫・巴拉特・康奈尔．倾听自然［M］．张立，译．北京：东方出版社，2017.

［12］李明璞，李云飞．追寻鸟的美丽［M］．武汉：湖北科学技术出版社，2017.

［13］［美］保罗・斯维特．神奇的鸟类［M］．梁丹，译．重庆：重庆大学

出版社，2017.

［14］［英］斯蒂芬·莫斯．鸟有膝盖吗［M］．王敏，译．北京：北京联合出版公司，2018.

［15］［法］布封．鸟的世界［M］．孙银英，李芳芳，译．北京：人民文学出版社，2018.

［16］［美］马克·艾弗里．鸟类发现之旅［M］．徐凯杰，张建军，译．北京：中国摄影出版社，2017.

［17］陈旭．中国鸟类观察笔记［M］．北京：科学出版社，2016.

［18］北京动物园．鸳鸯的故事［M］．北京：化学工业出版社，2015.

［19］贾祖璋．鸟类的生活［M］．北京：中国国际广播出版社，2017.

［20］刘从康，王俊．身边的鸟［M］．武汉：武汉出版社，2016.

［21］张斌．经典观赏鸟图鉴［M］．吉林：吉林科学出版社，2012.

［22］常家传，桂千惠子．东北鸟类图鉴［M］．哈尔滨：黑龙江科学技术出版社，1995.

［23］刘从康，王俊．身边的鸟［M］．武汉：武汉出版社，2016.

［24］赵序茅．鸟国［M］．北京：科学普及出版社，2016.

［25］谈宜斌．鸟国拾趣［M］．北京：林业出版社，2016.

［26］圆蜗牛．奇思妙想做手工：大纸小纸来折叠［M］．杭州：浙江少年儿童出版社，2015.

［27］自然教育在身边编委会．自然教育在身边［M］．杭州：浙江教育出版社，2021.

［28］科普中国［DB/OL］．http：//www.kepu.net.cn/gb/ydrhcz/ydrhcz_zpzs

［29］鸟类网［DB/OL］．http：//niaolei.org.cn/

［30］鸟生［DB/OL］.https：//mp.weixin.qq.com/s/6uMVpJzgBUH9G2yZYn4y0Q

［31］果壳［DB/OL］.https：//www.guokr.com/question/144335/

［32］叮咚荒野学堂［DB/OL］．https：//mp.weixin.qq.com/s/wK7SQvtBqJMXfIBOhfj5PA